L'église Saint-Jean-Baptiste de Manses (Ariège) et ses sépultures

Mourir à travers les siècles

Collection dirigée par Patrice Georges-Zimmermann

La collection « Mourir à travers les siècles » vise à montrer la diversité des approches permettant d'interroger les morts, soit directement (étude des squelettes), soit indirectement par leur contexte de découverte, de la grotte la plus ancienne au cimetière le plus récent, et les gestes portés sur ou autour d'eux. Il s'agit de placer le défunt au cœur des préoccupations et, par conséquent, d'axer le discours sur le corps. Cette collection a pour but de présenter les pratiques funéraires sous un nouveau jour, sans aucune frontière chronologique, géographique ou méthodologique.

Les ouvrages sont sélectionnés par un comité de lecture *ad hoc* en fonction de critères touchant à leur originalité, leur rigueur scientifique et leur apport à la connaissance des pratiques funéraires.

Les manuscrits sont adressés au Président du comité de lecture, Patrice Georges-Zimmermann, Centre archéologique de Midi-Pyrénées nord, Inrap, ZAC Albasud, impasse de Lisbonne, F-82000 MONTAUBAN.

Renseignements : patrice.georges@inrap.fr

Déjà paru

Patrice GEORGES-ZIMMERMANN et Sacha KACKI, *Le cimetière médiéval de Marsan (Gers) Lecture archéothanatologique*, 2017.

Patrice Georges-Zimmermann (dir.)

L'église Saint-Jean-Baptiste de Manses (Ariège) et ses sépultures

L'Harmattan

Du même auteur

Patrice GEORGES-ZIMMERMANN

Le cimetière médiéval de Marsan (Gers). Lecture archéothanatologique, avec Sacha Kacki, L'Harmattan, Paris, 2017.

Les sépultures prestigieuses de l'église Notre-Dame de Cléry-Saint-André (Loiret). Etude pluridisciplinaire du caveau de Louis XI. Contribution à l'histoire de l'embaumement médiéval, L'Harmattan, Paris, 2015.

De corps en corps : traitement et devenir du cadavre, édition d'Isabelle Cartron *et al.*, Maison des Sciences de l'Homme d'Aquitaine, Bordeaux, 2010.

Les momies, savoirs et représentations. De l'Egypte ancienne à Hollywood, Collectif, Editions Atlante, Neuilly, 2009, p. 19-33.

OUVRAGE PUBLIÉ AVEC LE CONCOURS DE
l'Association pour la restauration de l'église de Manses (Aréma) et de l'Institut national de recherches archéologiques préventives (Inrap)

Institut national de recherches archéologiques préventives
Inrap

5-7, rue de l'Ecole-Polytechnique, 75005 Paris

http://www.editions-harmattan.fr

ISBN : 978-2-343-12839-9
EAN : 9782343128399

INTRODUCTION

À la fin de l'année 2015, quelques jours avant les fêtes, l'Institut national de recherches archéologiques préventives (Inrap) a dépêché dans l'urgence une équipe d'archéologues pour une opération de diagnostic dans l'église de la commune de Manses (09). Sous peine de perdre des financements durement acquis par Mme la Maire et son équipe, il était absolument nécessaire de commencer, avant la fin de l'année pour des raisons fiscales – magie des arcanes de l'administration... –, les recherches permettant de déterminer si les travaux d'aménagement prévus dans ce bel édifice allaient porter atteinte à des vestiges archéologiques enfouis. Cette obligation légale était d'autant plus importante que l'église Saint-Jean-Baptiste n'avait jusqu'alors fait l'objet d'aucune investigation archéologique. À l'urgence de l'opération répondait donc l'excitation des découvertes à venir.

Durant une semaine, l'équipe de l'Inrap composée de trois personnes a alors procédé à une série de sondages dont le but était de documenter le sous-sol de l'église de Manses. C'était la première fois qu'on y creusait depuis les dernières inhumations des villageois. L'enjeu était donc de taille.

La mission effectuée, la phase d'étude passée, il était temps de rendre compte aux habitants de Manses et aux passionnés de l'Aréma qui consacrent une bonne partie de leur temps et de leur énergie à l'entretien et la mise en valeur de l'église, l'ensemble de nos résultats. C'est aussi l'occasion de montrer en quoi consiste le travail d'archéologue, que l'on imagine plus avec un chapeau qu'avec un casque et un pinceau plutôt que dans une mini-pelle…

Au-delà de l'intérêt que nous portions à l'église, cette opération a été un moment fort. Nous avons en effet rencontré des gens passionnants dont la serviabilité et la gentillesse ont permis le bon déroulement de ces investigations.

CHAPITRE 1
CARACTÉRISTIQUES GÉNÉRALES

1.1. Cadres géographique et géologique

La zone à explorer est localisée dans la magnifique église Saint-Jean-Baptiste, au cœur même de Manses (Ariège), mais en limite de la zone urbanisée. Cette commune se situe à quelques kilomètres de Mirepoix, dans la petite vallée du ruisseau des Bessous, barrée au nord par l'immense forêt de la Bélène et largement ouverte, au sud, vers la rivière de l'Hers. Le secteur d'étude se situe donc dans l'avant-pays pyrénéen, dont le relief est constitué de dépôts molassiques massifs. Selon la carte géologique du BRGM (feuille de Mirepoix au 1/50 000), l'église Saint-Jean-Baptiste se situe, au niveau du substrat, à cheval sur des colluvions et des dépôts de pente quaternaires, ainsi que des bancs de calcaires et poudingues du Stampien inférieur.

Aucun problème de reconnaissance sédimentaire particulier de la part des archéologues n'a été rencontré.

1.2. Contexte archéologique

Depuis longtemps, des découvertes ont été attestées sur le territoire de la commune de Manses. En partie synthétisées dans la *Carte archéologique de la Gaule* consacrée au département de l'Ariège (Sablayrolles, 1996), elles sont souvent imprécises, voire sujettes à caution. Aucune découverte ne concerne toutefois à proprement parler les origines du village ou l'histoire de l'église Saint-Jean-Baptiste. Notons toutefois que le secteur de la moyenne vallée de l'Hers, compris entre la ville de Mirepoix et la plaine de l'Ariège, a bénéficié de nombreuses recherches depuis la fin du XIXe s. ; elles rendent compte de la richesse archéologique de cette zone du piémont ariégeois. Pour s'en convaincre, il suffit aujourd'hui de visiter le musée municipal des Amis de Vals, où sont déposés notamment tous les objets recueillis par l'abbé Durand, infatigable prospecteur à qui on signalait également toutes les découvertes fortuites. Comment passer sous silence également la nécropole de Tabariane ? D'autant plus qu'elle fait écho à l'une des découvertes les plus importantes de Manses, située au-dessus du lieu-dit *Les vergnes*. En 1900, les ouvriers à l'œuvre mettent au jour une sépulture qui livre deux agrafes en bronze étamé qualifiées de « wisigothiques » : une petite agrafe, de forme triangulaire, sans bossette et ornée d'un 8 gravé et une agrafe double à plaque et contre-plaque rectangulaire[1]. Cette dernière serait comparable à celles ayant été trouvées dans la nécropole de *Tabariane*[2].

Avant nos recherches dans l'église, la création du centre d'enfouissement de Berbiac, sur le territoire de la commune, avait déjà été à l'origine d'opérations d'archéologie préventive. La première avait mis en évidence les traces d'une occupation plus ancienne que le village de Manses, datée du Néolithique, ainsi que des tessons de céramique du Moyen Âge et un four à chaux d'époque indéterminée[3]. Plus récemment, sur l'emprise du deuxième casier d'enfouissement du même site, les

---

[1] L'étamage est une opération de traitement de surface ; elle consiste à appliquer une couche d'étain sur une pièce métallique ou autre.

[2] Sablayrolles 2009 : 112.

[3] Marsac, Julien 1996.

archéologues de l'Inrap ont décelé la présence diffuse d'une occupation protohistorique, qui n'a toutefois pas pu être caractérisée, ni circonscrite [4]. A également été identifiée une batterie de dix-sept aménagements interprétés comme des fours à chaux, même si aucune matière première (calcaire) ne se trouvait à proximité[5]. La présence d'un sédiment charbonneux, conservé à la base d'un four, a permis une datation radiochronologique (C_{14}). Le résultat obtenu laisse penser que ce four – voire les autres, estimés comme contemporains – aurait été utilisé entre la fin du XVIIIe s. et la première moitié du XIXe s.

1.3. Eléments d'histoire de Manses et de son église (*par Gabrielle Cambus*)

L'existence d'un prieuré sous l'invocation de Saint-Jean d'Amancianis est attestée pour la première fois en 1115, à l'occasion de la *« donation faite par Bernard de Lapenne à Arnaud, prieur et aux religieux du dit lieu »*[6].

Ce prieuré de l'ordre bénédictin était une possession de l'abbaye de Montolieu, du diocèse de Carcassonne.

Des moines s'y sont établis à une date ignorée. C'est vraisemblablement à eux que nous devons l'édification de l'église romane à trois absides, avec transept et portail à chapiteaux sculptés. Cette architecture monastique, à

---

[4] Difficile en effet d'en dire plus à partir de vingt-six tessons de céramiques, retrouvés dans cinq sondages (Barbier 2014).

[5] Ils sont disposés sur une longueur d'environ 160 m de part et d'autre des flancs d'un vallon ; peut-être que le milieu boisé dans lequel ils se trouvaient permet d'expliquer cette concentration.

[6] Acte de donation collationné par Doat le 28 juin 1668 sur l'original en parchemin conservé aux Archives de l'abbaye de Montolieu (Aude).

transept, est unique sur le territoire de l'Ariège du nord-est.

A la fin du XIIe s., le prieuré conventuel est réduit en prieuré simple par l'abbé de Montolieu. Un religieux de l'abbaye prend donc le titre de Prieur de Manses et un vicaire perpétuel est institué par l'évêque de Toulouse. Les biens du prieuré sont affermés. Prise sur la dîme recueillie par l'abbaye, une congrue est versée au vicaire perpétuel et ce, jusqu'à la Révolution.

Seule l'église romane est conservée. Il ne reste aucune trace visible des bâtiments conventuels aujourd'hui.

En même temps que le prieuré bénédictin, il y avait à Manses une famille seigneuriale que les documents de l'époque nomment « d'Amansas » (en latin Amancianis). Un membre de cette famille, Bernard, entré dans l'ordre bénédictin, vraisemblablement au prieuré de Manses, devint en 1134 abbé de Montolieu.

Au XVIIIe s, la terre de Manses devient la propriété de François de Portes Pardailhan, président aux enquêtes au Parlement de Toulouse. Par lettres patentes données à Versailles en février 1747, Louis XV donne le titre de marquis avec changement du nom de Manses en celui de « Portes » et adjonction des paroisses et consulats de Cazazils, Corbières, Lapenne, Lignerolles, Ribouisse, Saint-Félix-de-Tournegat, Seignalens, Teilhet, Vals et Villautou.

Vers 1760, le marquis de Portes fait construire une forge à la catalane à l'endroit appelé encore aujourd'hui « La Forge de Manses », sur la commune de Teilhet. Elle fonctionne pendant un siècle. L'industrie du fer a disparu, mais il reste un corps de bâtiments en briques dont une partie date de cette époque.

Pendant la Révolution, le marquisat de Portes perd son nom, témoin de l'Ancien Régime et devient commune de

« Manses » jusqu'en 1791. Sous la Restauration, le marquis de l'époque, obéissant au courant politique, redonne à son domaine le nom de « Portes » par arrêté préfectoral du 12 décembre 1815. C'est seulement, en 1896 à la requête de la municipalité en place que le village recouvre définitivement son nom d'origine : Manses, par décret du 17 mars 1899. Il est curieux de constater combien les événements de politique nationale ont influé sur le nom d'une petite localité de l'Ariège au point qu'elle change quatre fois de nom en un siècle et demi (**fig. 1**).

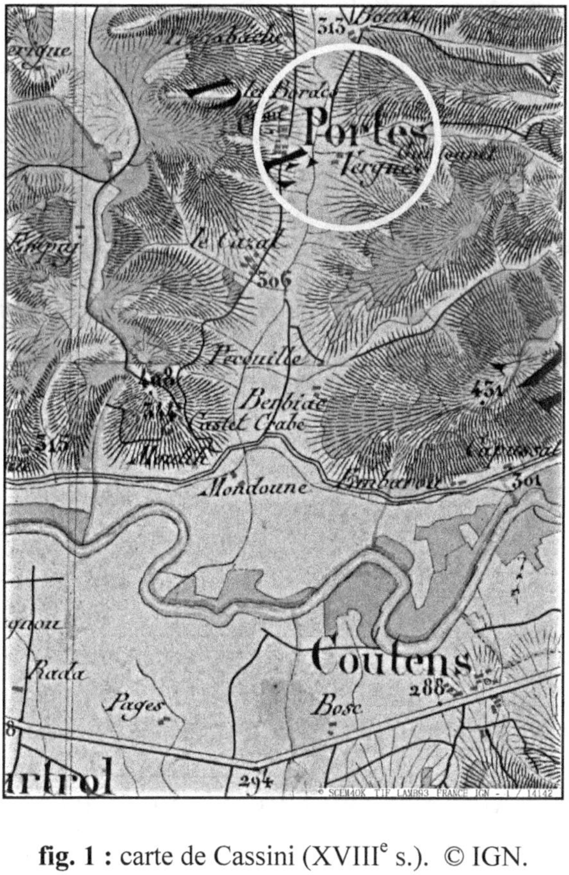

fig. 1 : carte de Cassini (XVIIIe s.). © IGN.

Les marquis de Portes se sont succédé à Manses pendant près de deux siècles. Par actes notariés, ils ont réussi à établir leur filiation à peu près complète. Ils habitaient un château attenant à l'église. Aux termes de relations devenues houleuses avec les habitants et la municipalité, la marquise de Portes et son fils, le comte François Henri de Portes, décident de la démolition de leur château et de sa reconstruction sur la commune de Teilhet ; c'est le château de Roques. Des vestiges de l'ancienne propriété comme les écuries et certains murs d'enceinte sont cependant toujours visibles à Manses. En 1995, la grille du parc de l'ancien château était encore en place ; elle a aujourd'hui rejoint la propriété de Roques.

L'église prieurale est dédiée à Saint-Jean-Baptiste. Son abside principale, flanquée de ses deux absidioles latérales formant transept, lui donnent avec la nef une forme de croix latine. Sur la façade sud, le beau portail a été restauré récemment dans le respect de l'art roman (**fig.2**). La construction de l'église est composite, le clocher-tour actuel ayant été ajouté au XIXe s. (**fig. 3**). Un grand vitrail y est remarquable, œuvre du maître verrier Ferdinand Hucher, réalisée en 1894 à la fabrique du carmel du Mans (**fig. 4**).

Divers documents relatent les chantiers menés sur le bâti et à l'intérieur de cette église au cours du XIXe s. Entre 1858 et 1867, des travaux importants sont entrepris sur le bâti et à l'intérieur de l'église ; ils se traduisent notamment par les ouvertures de l'abside centrale et des deux absidioles. Des vitraux latéraux sont également créés et installés en 1860 par Louis Victor Gesta, maître verrier toulousain de renom. Les deux autels de sainte Marie et saint Roch sont placés dans les absidioles. C'est à cette même époque que l'actuel

fig. 2 : église de Manses. Entrée. © Aréma.

fig. 3 : église de Manses. Façade nord, avec la tour-clocher. © PGZ, Inrap.

clocher a été édifié ; deux cloches sont datées de 1863 et 1866. Pour la troisième, la plus ancienne, l'inscription n'est plus visible. Ses inscriptions ne sont plus lisibles. Le maître-autel du XVIIIe s, en marbres polychromes, a été complété d'une rehausse au XIXe s.

Une tribune est aménagée au-dessus des arcades au fond de la nef.

C'est en 1893/1894 que le comte Henri Maurice de Portes, second fils du marquis Paul François Thomas Georges de Portes († 1880) et d'Adèle Hutton († 1892), son épouse de nationalité américaine, fait ériger à la mémoire de ses parents le grand vitrail octogonal (32 m^2) placé horizontalement à la croisée du transept. Ce magnifique vitrail retrace l'histoire de Saint-Jean-Baptiste, patron de la paroisse, depuis sa naissance jusqu'à sa décapitation dans la prison d'Hérode. Il comporte en médaillon les armoiries du marquisat de Portes (une tour et trois merlettes) [7] ainsi que l'inscription dédicatoire occitane : « Per Pla Aire ».

Au cours des siècles, l'église a été surélevée pour atteindre sa structure actuelle. Malgré cette modification, l'aspect roman est conservé dans son volume général, comme dans ses maçonneries (grand appareil de pierre de taille régulier). Au début du XXe s, une sacristie s'appuyait sur la façade nord ; laissée à l'abandon, elle a été détruite pour des raisons de sécurité.

L'église romane, propriété de la commune est inscrite à *l'inventaire supplémentaire des monuments historiques* depuis le 10 août 1992. La municipalité de Manses a décidé d'entrer dans une phase active de sa restauration et a encouragé pour cela, en 2004, la création de

---

[7] L'histoire des Comtes de Portes Pardailhan est indissociable de l'histoire de la paroisse et de la commune (cf. *supra*).

l'Aréma : *Association pour la restauration de l'église de Manses,* soutenue par la Fondation du patrimoine, la Sauvegarde de l'Art Français, le Crédit Agricole Sud Méditerranée et la Fondation du Crédit Agricole - Pays de France qui ont contribué à la restauration de cet édifice.

fig. 4 : église de Manses. Vitrail, à la croisée du transept. © PGZ, Inrap.

CHAPITRE 2
DÉROULEMENT DE L'OPÉRATION

2.1. Présentation du projet

L'aménagement à l'origine de cette opération d'archéologie préventive est le décaissement total de la nef et du transept afin d'installer un nouveau carrelage après y avoir fait passer un réseau électrique, enterré le long du mur gouttereau sud (**fig. 5**). De fait, un arrêté de prescription de diagnostic archéologique est émis le 21 février 2015 (n° 2015/232) ; il précise les objectifs suivants : « *Le responsable scientifique de l'opération s'attachera à vérifier l'existence de vestiges archéologiques, à en définir la nature et l'attribution chronologique ainsi que leur degré de conservation et leur étendue. Afin de livrer toutes les informations nécessaires pour préciser les objectifs d'une éventuelle fouille, il est impératif de récolter toutes les données d'ordre taphonomique, topographique et historique. A cette fin, l'opération de diagnostic devra être complétée par une étude documentaire et archivistique.* »

Le profil du responsable et des archéologues choisis pour cette opération correspond à la période chronologique considérée de l'église tout autant qu'au risque considéré comme élevé d'y découvrir des sépultures, au grand étonnement de la plupart de nos interlocuteurs sur place.

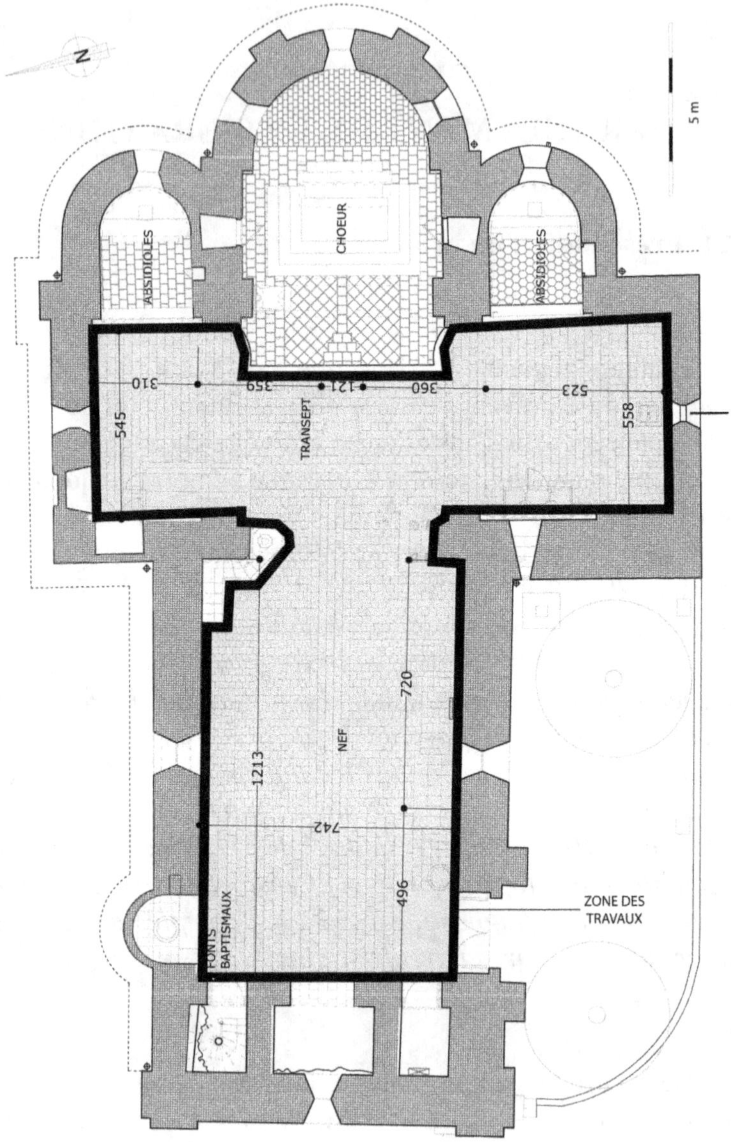

fig. 5 : église de Manses. Emprise des travaux. © B. Dumons – SARL Architecture et Paysage. DAO PGZ, Inrap.

2.2 Méthodologie

2.2.1. Du creusement…

La méthode de diagnostic retenue a consisté à ouvrir, à l'aide d'un engin mécanique (cf. *infra*), des tranchées de taille variable, de la largeur du godet (2,00 m) au sein de l'espace impacté par les travaux (cf. *supra*) (**fig. 6**). Pour chaque sondage, le procédé utilisé se résume à un décapage mécanique par passes successives de quelques centimètres d'épaisseur et de nettoyages manuels en fonction des vestiges rencontrés. Auparavant, les carreaux ont été retirés et mis de côté, autant que faire se pouvait compte tenu de leur fragilité (**fig.** 7).

La profondeur a été dictée par le niveau d'apparition des vestiges archéologiques. Les sondages ont été réalisés avec une mini-pelle hydraulique bi-énergie 1,9 t[8], conduite par un membre de l'équipe (L. Grimbert, Inrap) et avec l'appareillage électrique nécessaire (**fig. 8** et **fig. 9**).

Pour le creusement des tranchées, l'engin a évolué en rétroaction, avec un godet lisse, sous la surveillance des deux autres personnels de l'Institut national de recherches archéologiques préventives (Inrap) formés à ce type de tâche.

[8] Mini-pelle qui possède un moteur thermique mais qui fonctionne également sur l'électricité pour pouvoir travailler en milieu confiné. C'était la première fois qu'un tel engin était utilisé en archéologie dans la partie Midi-Pyrénées de la région Occitanie.

fig. 6 : église de Manses. Les sondages dans l'église.
© PGZ, Inrap.

fig. 7 : église de Manses. Enlèvement des carreaux avant le creusement du sondage. © PGZ, Inrap.

fig. 8 : église de Manses. Mini-pelle hydraulique bi-énergie, avec une protection différentielle plombée, armoire située entre le groupe électrogène et l'engin. © PGZ, Inrap.

fig. 9 : église de Manses. Groupe électrogène (380V ; 60 KVA) . © PGZ, Inrap.

2.2.2. … à l'enregistrement des données

Pour l'enregistrement des sondages, le protocole utilisé a essentiellement consisté à prendre des notes sur les relevés graphiques réalisés par Laurent Grimbert (**fig. 10**). Bien évidemment, une couverture photographique exhaustive a auparavant été réalisée.

Chacun des sondages a été replacé sur le plan général de l'église ; les relevés topographiques ont été réalisés par triangulation, sans contrainte majeure[9].

L'enregistrement des sépultures et les identifications biologiques des individus ont été réalisés sur place, par Sylvie Duchesne (Inrap), les os ayant été redéposés *in fine*

[9] L'altimétrie des sondages a été réalisée à partir du repère de nivellement E'.E.03-56 (311,67 m NGF) (**fig. 11**).

fig. 10 : église de Manses. Sondage n° 2. L. Grimbert (Inrap), en train de relever les vestiges. © PGZ, Inrap.

fig. 11 : église de Manses. Relevée altimétrique des sondages. © PGZ, Inrap.

dans leur sépulture (**fig. 12**)[10]. Tous les individus se trouvent donc encore là où ils ont été trouvés.

Pensez-y, lecteur, à chaque fois que vous vous promènerez dans l'église…

fig. 12 : église de Manses. Sondage n° 4. Relevé de la sépulture SP11 à l'aide d'un logiciel dédié HUMAN'OS en cours de test par Sylvie Duchesne. © PGZ, Inrap.

2.3. Intervenants et calendrier

Hormis les personnes ayant participé à la rédaction et à l'élaboration de cet ouvrage, une telle opération archéologique nécessite un nombre incroyable de démarches, engageant un nombre important d'intervenants. Il n'est pas possible de les citer tous

[10] Nous avons toutefois prélevé un fragment osseux pour pouvoir faire réaliser une datation radiochronologique (14C) (cf. *infra*).

ici ; nous ne les retrouverons qu'en partie dans les remerciements.

Michel Barrère, Conservateur du Patrimoine (Ministère de la Culture et de la Communication ; DRAC Occitanie), était en charge de ce dossier.

Si les archéologues étaient présents dans l'église entre le 7 et le 11 décembre 2015, cette opération archéologique a nécessité une phase de préparation essentiellement concentrée sur deux journées, le 3 novembre et le 4 décembre 2015. Elle a été suivie d'une phase d'étude dans une période comprise entre le 16 et le 26 février 2016.

CHAPITRE 3
RÉSULTATS

Nous avons creusé au total six sondages ; cinq d'entre eux (dits positifs) ont révélé des vestiges archéologiques, essentiellement des sépultures[11].

3.1. Description des sondages et des sépultures *(par S. Duchesne, L. Grimbert et P. Georges-Zimmermann)*

3.1.1. Sondage n° 1 (**fig. 13** à **fig. 18**)

Ce sondage est situé dans la partie nord du transept. Hormis le terrain dit naturel, se présentant comme une matrice argileuse, homogène et compacte, de couleur jaune, les principales observations sédimentaires ont concerné le remplissage hétérogène des sépultures retrouvées sous le niveau de carrelage, en relation avec au moins deux sols, eux-mêmes observés sur une épaisseur d'environ 0,15 m ; les modalités d'intervention, au sein de ce sondage relativement étroit, n'ont pas permis un enregistrement exhaustif de ces quatre sépultures (SP1 à SP4). D'autant plus qu'elles n'ont pas été fouillées à proprement parler ; seules trois en effet ont été enlevées à l'aide de la mini-pelle hydraulique.

---

[11] Les catalogues des sondages et des sépultures se trouvent respectivement dans les annexes 1 et 2 à la fin de l'ouvrage.

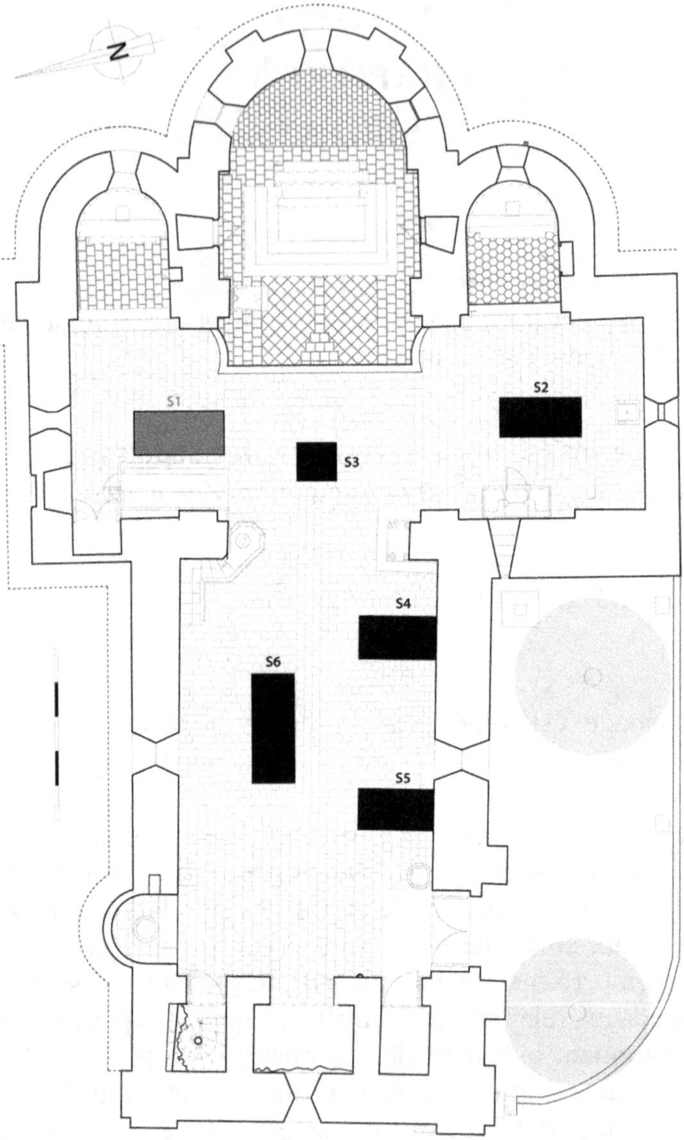

fig. 13 : église de Manses. Localisation du sondage n° 1. © B. Dumons – SARL Architecture et Paysage. Topo. L. Grimbert, Inrap. DAO PGZ, Inrap [échelle : 5 m].

fig. 14 : église de Manses. Localisation du sondage n° 1. © PGZ, Inrap.

fig. 15 : église de Manses. Sondage n° 1 ; vue de l'est. © PGZ, Inrap.

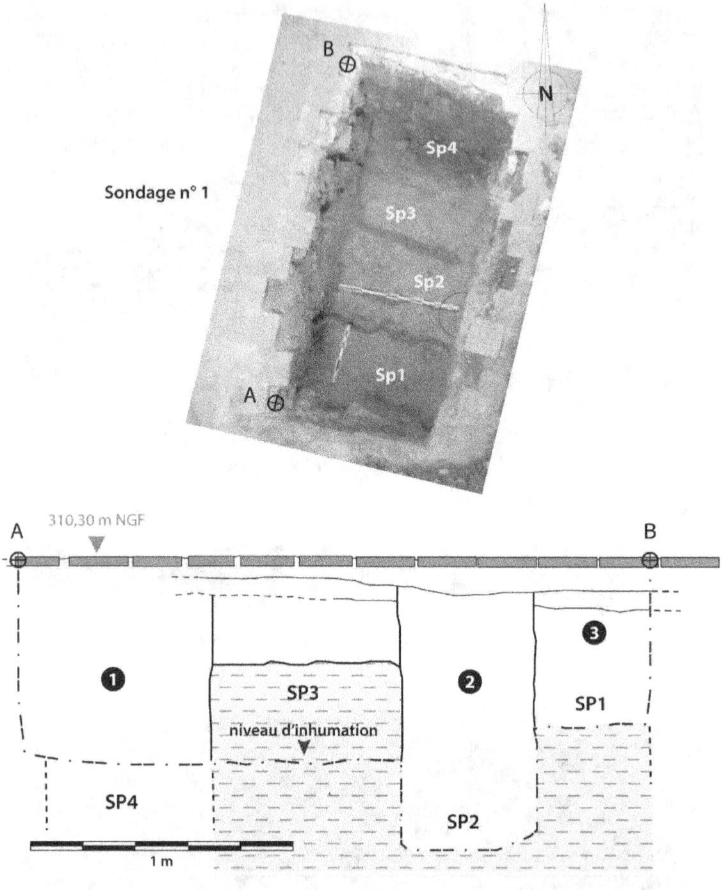

fig. 16 : église de Manses. Coupe stratigraphique du sondage n° 1. Relevé L. Grimbert, Inrap. DAO PGZ, Inrap.

fig. 17 : église de Manses. Sondage n° 1 ; vue du nord. © PGZ, Inrap.

fig. 18 : église de Manses. Sondage n° 1 ; détail. © PGZ, Inrap.

Il s'agit des tombes de trois adultes – un au moins serait un homme d'après la morphologie de l'os coxal (Bruzek 1991)[12] – et d'un enfant de moins de 5 ans (SP 3).

Tous les individus ont la tête à l'ouest. Quand la position a pu être précisée, il apparaît que les sujets sont allongés sur le dos. La position des mains est dans la plupart des cas inconnue ; seulement pour le sujet de la sépulture SP1, nous avons observé que sa main gauche reposait sur le thorax (position de la main droite indéterminée).

[12] Le sexe n'a pas été déterminé pour les autres.

Quand les limites du creusement ont pu être perçues, les fosses d'inhumation apparaissent peu larges : 0,52 m à son ouverture pour la sépulture SP2 et dix centimètres de plus pour la sépulture SP4.

Aucun élément de datation n'a été trouvé. La situation des sépultures par rapport à différents niveaux de sol de mortier (des éléments de chronologie relative) permet de comprendre que ces inhumations ont été réalisées sur la durée. Ainsi, la sépulture SP2, scellée par un niveau de sol de mortier, recoupe un niveau de sol plus ancien.

3.1.2. Sondage n° 2 (**fig. 19** à **fig. 25**)

Ce sondage est situé dans la partie sud du transept. La paroi est du sondage, 0,20 m du coin sud-ouest rend compte de la stratigraphie suivante :

. de 0 à - 0,10 m : carreaux et couche liée à cet aménagement (**US4**).

. de - 0,10 à - 0,90 m : matrice limoneuse, relativement homogène malgré de rares pierres et os humains sans concentration ni disposition particulières, très meuble, de couleur marron (**US5**).

. de - 0,90 m à - 1,20 m : matrice limono-argileuse, homogène, plus foncée et un peu moins meuble que la couche précédente (**US6**).

. à - 1,20 m (et +) : terrain dit naturel (matrice argileuse, homogène et très compacte, de couleur jaune) (**US7**).

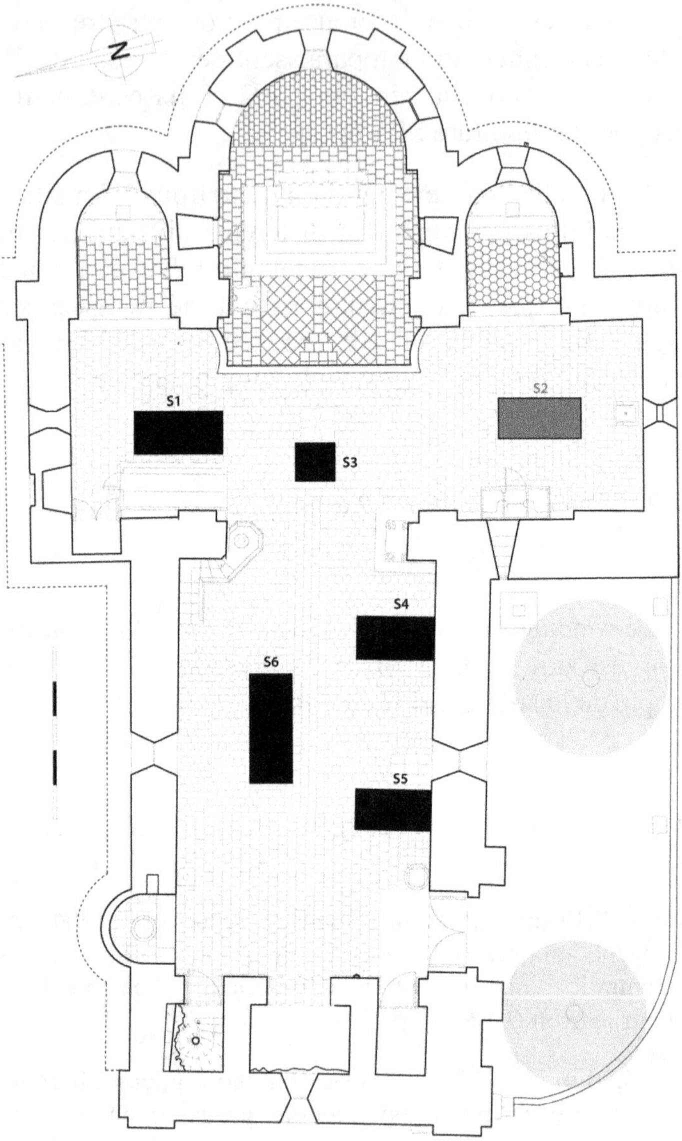

fig. 19 : église de Manses. Localisation du sondage n° 2. © B. Dumons – SARL Architecture et Paysage. Topo. L. Grimbert, Inrap. DAO PGZ, Inrap [échelle : 5 m].

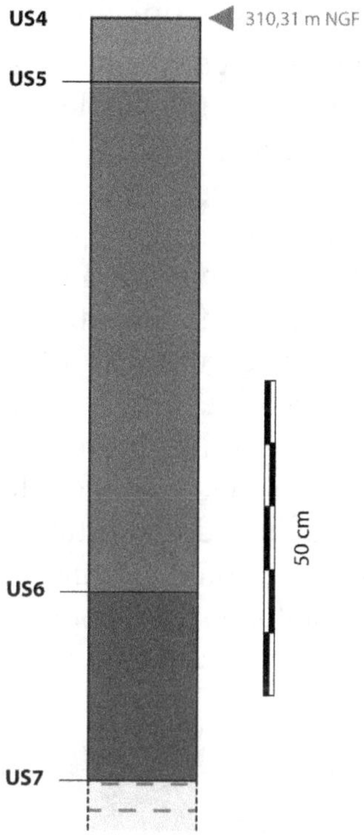

fig. 20 : log stratigraphique du sondage n° 2 (paroi est).

Le creusement de ce sondage a permis de mettre en évidence deux sépultures (SP5 et SP6) et un four (FO7). Les deux sépultures, retrouvées à chaque extrémité du sondage, n'ont pas été fouillées ; elles ont été décapées (partiellement) à l'aide de l'engin mécanique à notre disposition. On sait toutefois qu'elles accueillaient chacune un adulte (sexe indéterminé), reposant à 1,20 m sous le niveau de carrelage (avant réfection). Leur position et leur orientation, tout comme la période à laquelle ces deux sujets sont morts, demeurent indéterminées. Les limites de fosse n'étaient pas clairement visibles, mais on a pu établir que la sépulture SP6 était postérieure au four (FO7). C'était peut-être également le cas de la sépulture SP5. Le four, apparu 1,25 m sous le niveau du carrelage (avant réfection), a été dégagé dans l'emprise du sondage, au milieu duquel il se trouvait. Pour autant que l'on puisse en juger, sa forme est circulaire ; il est bordé d'une bande rubéfiée de 0,12 m de largeur en moyenne et creusé dans le terrain dit naturel. Son diamètre interne au niveau d'apparition (hors bande rubéfiée) de 1,30 m. Un petit sondage localisé a montré que le profil s'élargit. Son comblement est une matrice limoneuse, hétérogène en raison des blocs calcaires, des nodules de brique, de cailloutis, des nodules de mortier de chaux, etc., relativement meuble, de couleur brune. Hormis sa position par rapport aux sépultures (cf. supra), nous n'avons pas d'idée plus précise quant à sa datation.

fig. 21 : église de Manses. Sondage n° 2. © PGZ, Inrap.

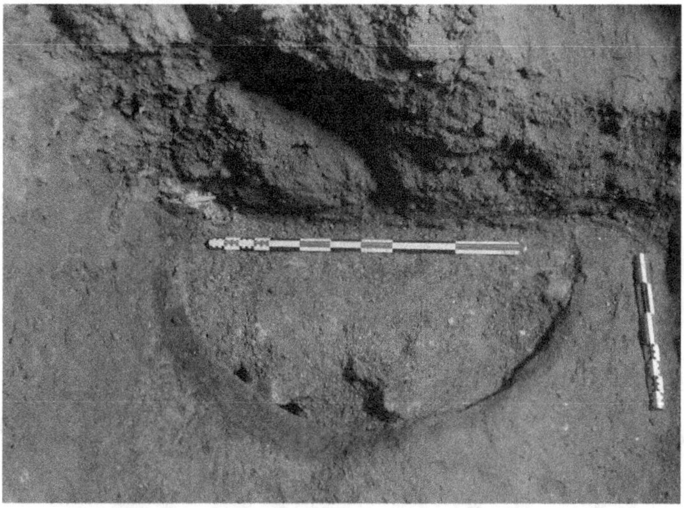

fig. 22 : église de Manses. Sondage n° 2.
Four FO7 ; vue de l'ouest. © PGZ, Inrap.

fig. 23 : église de Manses. Sondage n° 2.
Détail du four FO7. © PGZ, Inrap.

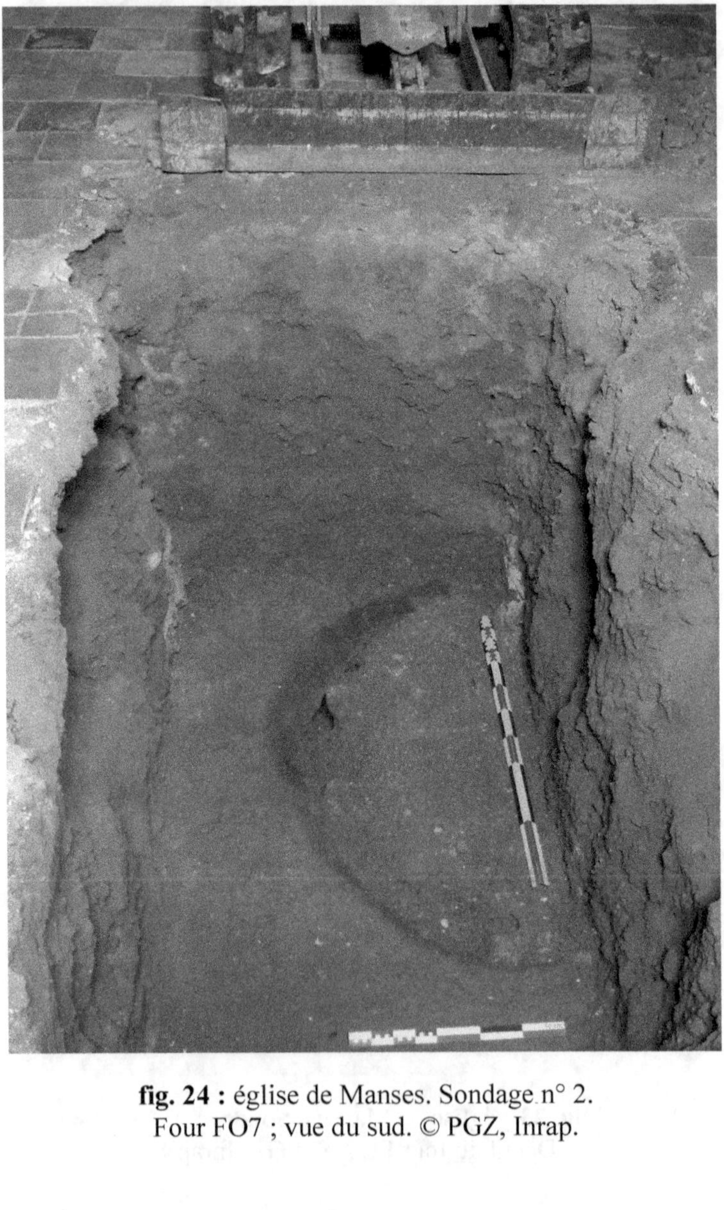

fig. 24 : église de Manses. Sondage n° 2.
Four FO7 ; vue du sud. © PGZ, Inrap.

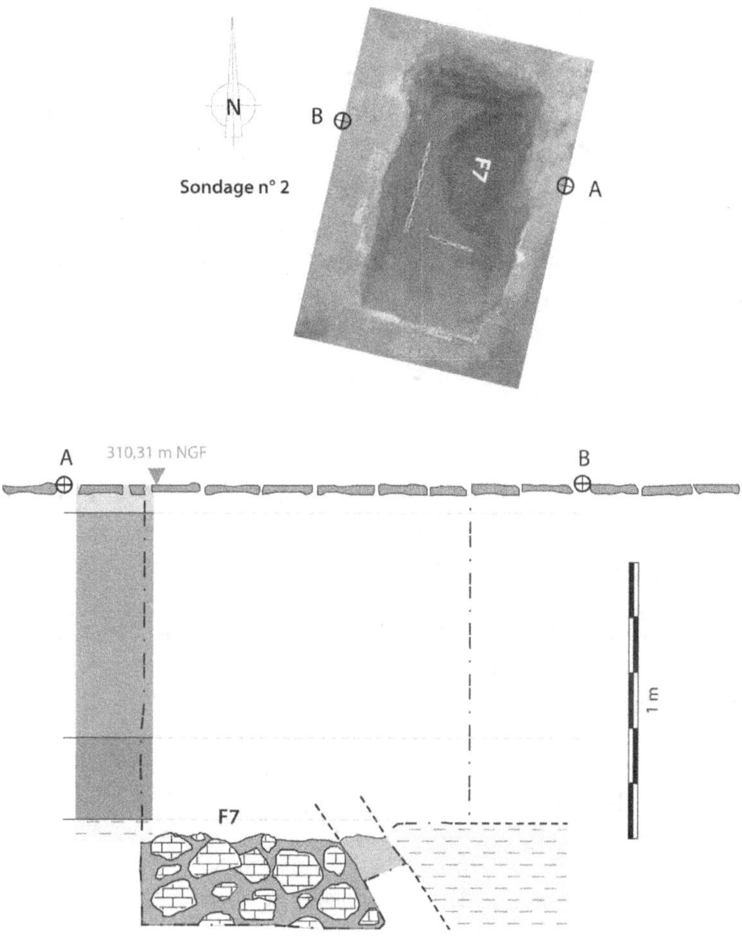

fig. 25 : église de Manses. Coupe schématique de la stratigraphie du sondage n° 2.
Relevé L. Grimbert, Inrap. DAO PGZ, Inrap.

3.1.3. Sondage n° 3 (**fig. 26 à 38**)

Ce sondage est particulièrement intéressant du point de vue de sa position dans l'église, au pied d'un assemblage de pierres plates frappées d'une croix de Malte. Il se situe en effet dans la partie sud du transept, entre les sondages n° 1 et n° 2. Des coupes stratigraphiques y ont été réalisées. La première, d'orientation est-ouest, se situe au centre du sondage ; elle intègre également les informations projetées de la paroi nord du sondage. Les couches suivantes ont été observées :

. limon brun très hétérogène avec nombreuses inclusions (blocs calcaires, cailloutis, nodules de brique/terre cuite, mortier de chaux) (**US 8**).

. niveau horizontal de mortier de chaux lisible uniquement sur la berme nord du sondage ; il est antérieur aux sépultures (niveau perforé par les sépultures) (**US 9**).

. limon argileux noir faisant l'interface entre l'US9 et le terrain dit naturel (matrice argileuse, homogène et compacte, de couleur jaune) (**US 10**).

. creusement (de sépulture ?) (**US 11**).

. limon argileux comprenant de nombreuses inclusions d'os, de céramique, de tuiles, de briques… (substrat remanié ?) (**US 14**).

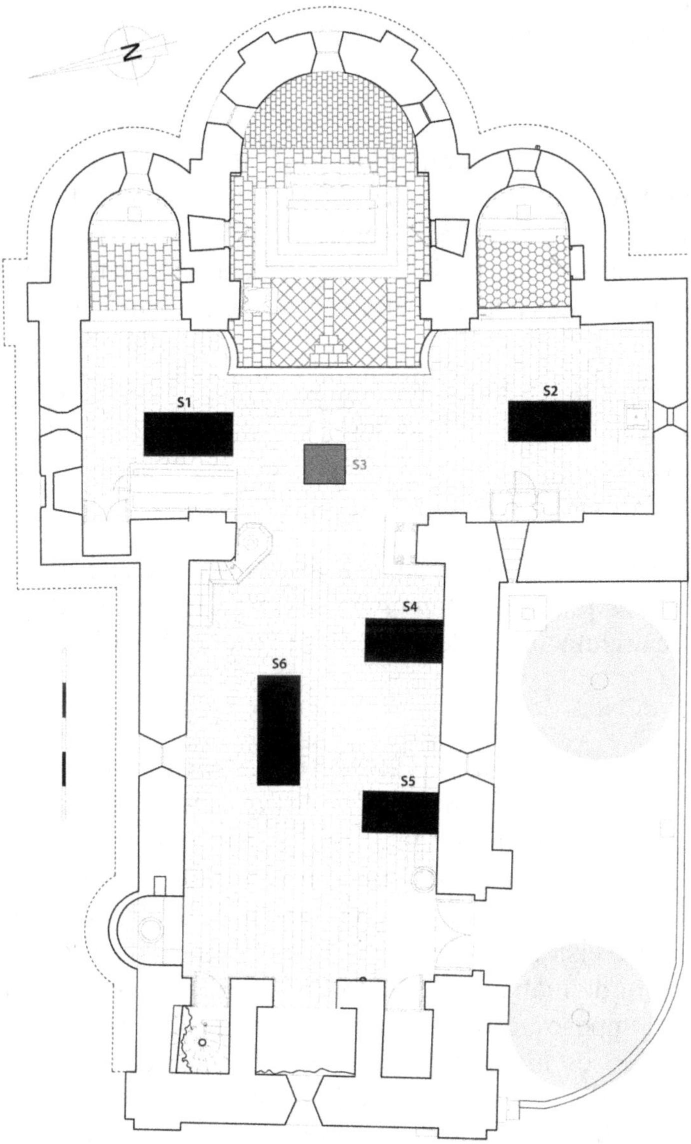

fig. 26 : église de Manses. Localisation du sondage n° 3. © B. Dumons – SARL Architecture et Paysage. Topo. L. Grimbert., Inrap DAO PGZ, Inrap. [échelle : 5 m].

Nous avons observé dans ce sondage trois sépultures (SP8, SP9 et SP10). Deux d'entre elles ont été explorées (SP8 et SP10) ; la sépulture SP9 n'a pas été fouillée.

La coupe stratigraphique n° 2 se situe également au centre du sondage, tout en intégrant également la limite entre l'US12 et l'US13 (projection de la berme ouest) ; cette dernière est probablement liée au creusement d'une sépulture. Les couches suivantes ont été identifiées :

. limon brun avec nombreuses inclusions : cailloutis, nodules de brique/terre cuite, petits blocs calcaires (**US 12**).

. couche identique à l'US 12 avec une diversité de blocs calcaires plus importante. Présence de fragments de terre cuite architecturale de taille décimétrique (**US 13**).

L'exploration de la sépulture SP8, située sur la paroi sud du sondage, a permis d'établir que le sujet, de sexe féminin (probabilité : 99,95 %[13], était allongé sur le dos, tête à l'ouest, avec ses membres inférieurs en extension (étendus). Les limites du creusement de cette sépulture ne sont pas visibles, à l'exception de la paroi nord à 10 cm de la paroi de matière blanchâtre (cf. *infra*). Son comblement se compose d'une matrice limoneuse brune, avec nombreuses inclusions (cailloutis, nodules de brique/terre cuite, petits blocs calcaires). Le sujet de cette sépulture est apparu 0,80 m sous le niveau du carrelage d'avant la réfection et 0,65 m sous un niveau de sol (qui la scelle)

---

[13] Murail *et alii* 2005.

observé dans la stratigraphie. Aucun élément de datation ne nous est parvenu. C'est la raison pour laquelle nous avons prélevé un fragment osseux pour une datation radiochronologique (C_{14}). Le calcul du laboratoire permet de proposer la date de 1645 (Cal BP 305) (**annexe 3**).

Cette sépulture a été comblée de matière blanchâtre jusqu'à recouvrir complètement le corps. La surface intérieure moule l'empreinte du corps, enveloppé dans un tissu (restes fossilisés et empreinte de trame textile)[14]. La surface apparente est irrégulière ; il s'agit d'un agglomérat de cailloutis et de terre collé à cette matière. Les parois extérieures de cette matière blanchâtre, rectilignes, présentent des traces ligneuses.

La sépulture SP10, située sur la paroi est du sondage, est celle d'un adulte, dont le sexe n'a pas été déterminé. Il est allongé sur le dos, les membres inférieurs en extension. Ses pieds sont apparus au sein du sondage, ce qui signifie que la tête, à l'inverse de tous les individus observés dans l'église, est à l'est. Ce qui semble avoir son importance compte tenu de la localisation de cette sépulture, sous l'assemblage des pierres frappées d'une croix de Malte (cf. *infra*). Les limites de la fosse de cette sépulture ont été identifiées ; le creusement démarre directement sous l'assemblage en question. Elles révèlent une fosse relativement large. Hormis le fait qu'elle soit scellée par le carrelage et qu'elle recoupe un niveau de sol antérieur, rien ne nous permet de dater cette sépulture.

[14] Les vides observés, tout comme la forme de la matière blanchâtre, indiquent clairement que le corps, dont les parties organiques ont disparu, a été recouvert de cette matière et a par conséquent été moulé.

Des restes de bois et deux clous (non prélevés) y ont été retrouvés. De la matière blanchâtre a manifestement été coulée entre des parois rigides et celles du creusement. On peut donc observer des parois extérieures irrégulières (*a priori* bords de la fosse) et des parois intérieures rectilignes. L'extrémité au niveau des pieds est large de 27 cm. La largeur du bord ouest mesure 10 cm de large, pour 20 cm au nord et 15 cm au sud.

Au sein de ce sondage, hors contexte stratigraphique reconnu, mais bien en avant des sépultures, un fragment de *tegula*, tuile plate qui servait à couvrir les toits dans l'Antiquité, a été retrouvé.

fig. 27 : église de Manses. Sondage n° 3. © PGZ, Inrap.

fig. 28 : église de Manses. Sondage n° 3 : mise en évidence du creusement de la sépulture SP10. © PGZ, Inrap.

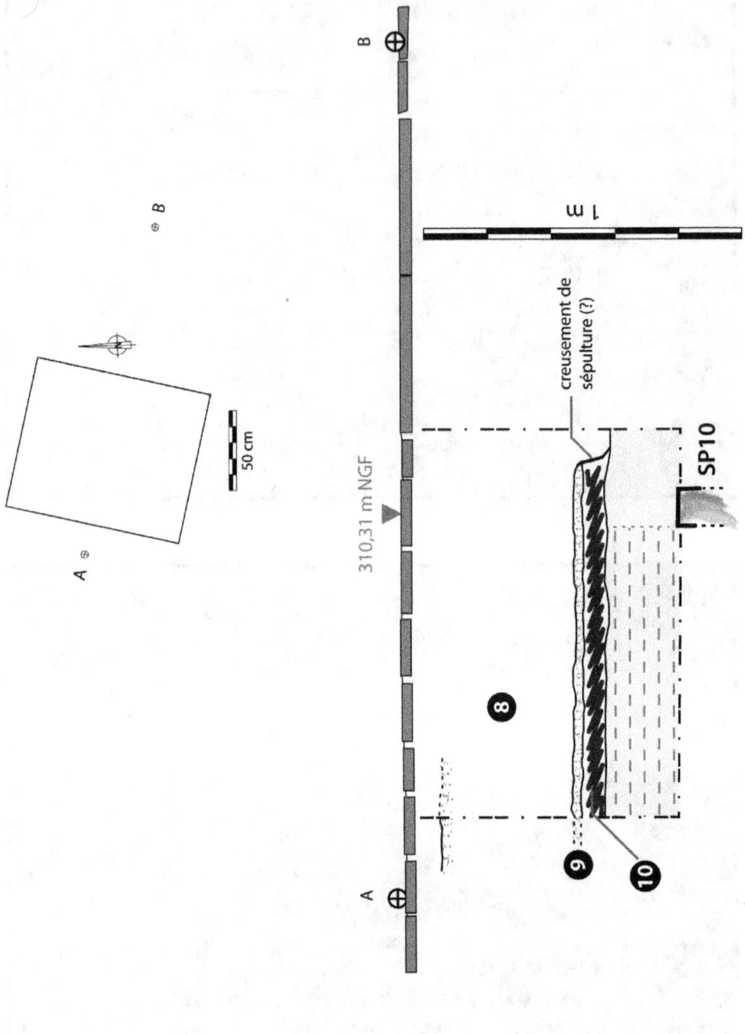

fig. 29 : église de Manses. Coupe stratigraphique est-ouest du sondage n° 3. Relevé L. Grimbert, Inrap. DAO PGZ, Inrap.

fig. 30 : église de Manses. Sondage n° 3 ; vue verticale. © PGZ, Inrap.

fig. 31 : église de Manses. Sondage n° 3 ; vue du sud. © PGZ, Inrap.

fig. 32 : église de Manses. Sondage n° 3 (vue du nord), avec la sépulture SP8 au fond. © PGZ, Inrap.

fig. 33 : église de Manses. Sondage n° 3. Sépulture SP8 ; détail de la paroi latérale. © PGZ, Inrap.

fig. 34 : église de Manses. Sondage n° 3. Sépulture SP8 ; détail du couvercle. © PGZ, Inrap.

fig. 35 : église de Manses. Sondage n° 3. Sépulture SP8 ; détail interne. © PGZ, Inrap.

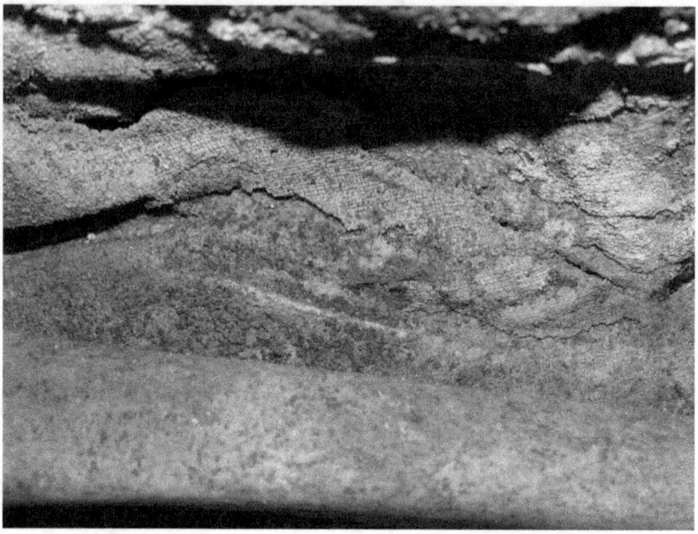

fig. 36 : église de Manses. Sondage n° 3. Sépulture SP8 ; détail interne. © PGZ, Inrap.

fig. 37 : église de Manses. Sépulture SP8. Détail du tissu. © PGZ, Inrap.

fig. 38 : église de Manses. Sépulture SP8.
Détail du tissu. © PGZ, Inrap.

3.1.4. Sondage n° 4 (**fig. 39 à 45**)

Ce sondage est localisé dans la nef, le long du mur gouttereau sud.

La coupe stratigraphique, réalisée sur la paroi occidentale du sondage permet de documenter la nature des fondations de la nef de l'église à cet endroit-là et la présence d'au moins deux sépultures (SP11 et SP12), dont une seule a été fouillée (cf. *infra*), ainsi que la nature du remblai présent sur toute la surface de la coupe et rendant de fait difficile la lecture des limites des fosses sépulcrales : matrice limoneuse, très hétérogène (présence de cailloutis, de nodules de briques/terre cuite, etc.) et sans cohésion, de couleur brune (**US 15**).

Non positionnés stratigraphiquement, des artefacts ont été retrouvés, tels qu'un fragment de tuile dite canal et des fragments de verre (non prélevés).

La sépulture SP11, trouvée à l'extrémité nord du sondage, est celle d'un enfant ; il est âgé entre 3 ans 1/2 et 6 ans selon l'âge dentaire (Moorrees *et alii* 1963) et de 4-5 ans environ selon l'âge osseux (Stloukal, Hanakova 1978). Il est allongé sur le dos, membres inférieurs en extension et tête à l'ouest. Les membres supérieurs sont fléchis (mains en position dite haute).

À 0,72 m sous le niveau du carrelage (avant réfection du sol), la fosse apparaît comme étroite, large de 0,50 m tout au plus. Nous n'avons aucune information quant à sa datation. En revanche, un aménagement de matière blanchâtre identique à celui de la sépulture SP10, avec des parois ouest, nord et sud respectivement larges de 9,5 cm, de 13 cm et de 8,5 cm, hauteur conservée 17 cm, avec une empreinte des parois longitudinales du cercueil dans le fond, profonde de 1 à 3 mm.

Un clou en position verticale, pointe vers le haut, se situait près de la tête, à 16 cm depuis la paroi nord. Un autre a été retrouvé sous l'épaule droite, en position horizontale

Trois épingles métalliques ont été découvertes au contact des ossements, sur l'os temporal droit, sur l'os frontal et dans le thorax droit.

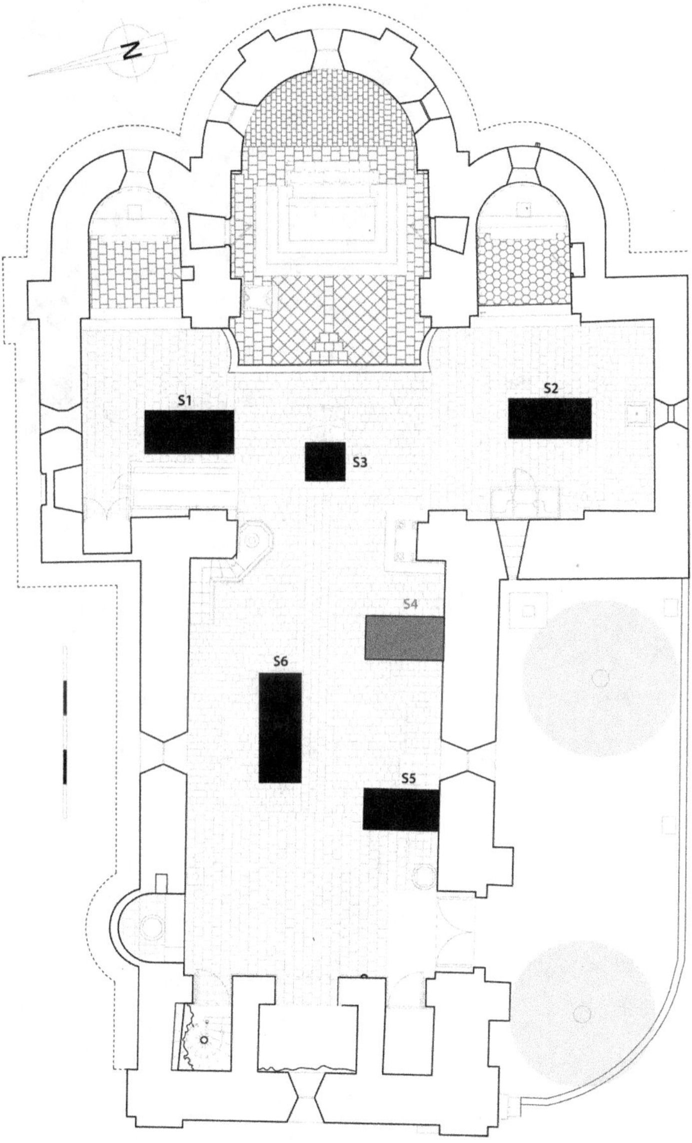

fig. 39 : église de Manses. Localisation du sondage n° 4. © B. Dumons – SARL Architecture et Paysage. Topo. L. Grimbert., Inrap DAO PGZ, Inrap. [échelle : 5 m].

fig. 40 : église de Manses. Sondage n° 4. © PGZ, Inrap.

fig. 41 : église de Manses. Sondage n° 4 ; vue verticale. © PGZ, Inrap.

fig. 42 : église de Manses. Sondage n° 4 ; vue verticale de la sépulture SP11. © PGZ, Inrap.

fig. 43 : église de Manses. Sépulture SP11 ; détail. © PGZ, Inrap.

fig. 44 : église de Manses. Sépulture SP11 ; détail. © PGZ, Inrap.

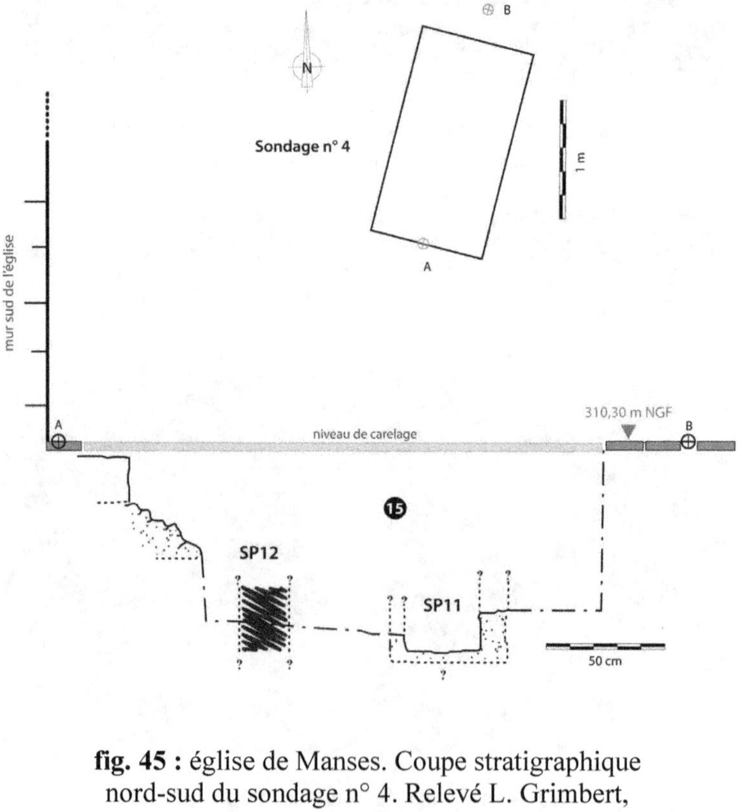

fig. 45 : église de Manses. Coupe stratigraphique nord-sud du sondage n° 4. Relevé L. Grimbert, Inrap. DAO PGZ, Inrap.

3.1.5. Sondage n° 5 (**fig. 46** à **48**)

Ce sondage, également dans la nef, se situe à l'est du sondage n° 4, le long du mur gouttereau sud.

La coupe stratigraphique, observée sur la paroi occidentale du sondage permet de documenter la nature des fondations de la nef de l'église à cet endroit-là et la présence d'au moins une sépulture (SP13), ainsi que la nature du remblai présent sur toute la surface de la coupe et rendant de fait difficile la lecture des limites de la fosse sépulcrale. Nous avons en effet rencontré une matrice limoneuse, très hétérogène (présence de cailloutis, de nodules de briques/terre cuite, etc.) et sans cohésion, de couleur brune (**US 16**).

Les deux sépultures mises au jour n'ont pas été fouillées. Quelques informations sur la sépulture SP13, située au centre du sondage, ont cependant pu être enregistrées. Cette sépulture s'ouvre depuis le carrelage ; le corps était inhumé 1,10 m plus bas. Il s'agit de la sépulture d'un adulte, de sexe indéterminé, allongé sur le dos et dont la tête est positionnée à l'ouest. La fosse est étroite, ne mesurant manifestement pas plus de 0,50 m.

Des vestiges résiduels de bois des planches latérales permettent de déterminer la largeur du contenant aux épaules et aux jambes, respectivement 36 cm et 30 cm. L'hypothèse d'un contenant de forme trapézoïdale peut être avancée.

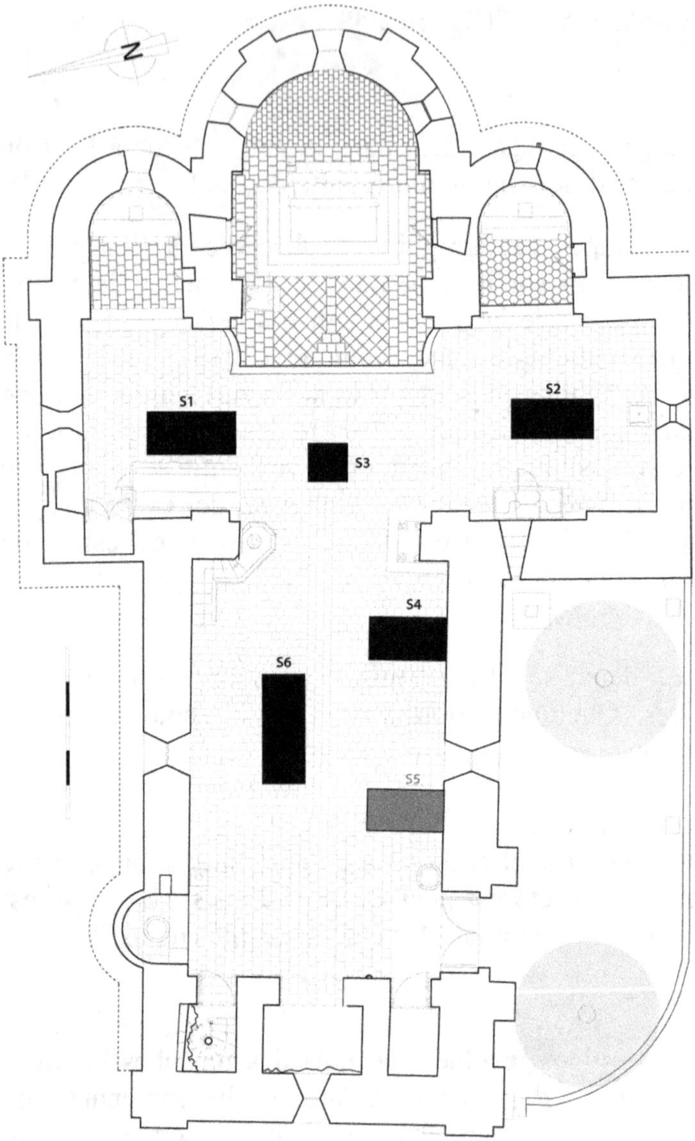

fig. 46 : église de Manses. Localisation du sondage n° 5. © B. Dumons – SARL Architecture et Paysage. Topo. L. Grimbert., Inrap DAO PGZ, Inrap. [échelle : 5 m].

fig. 47 : église de Manses. Sondage n° 5 ; vue verticale. © PGZ, Inrap.

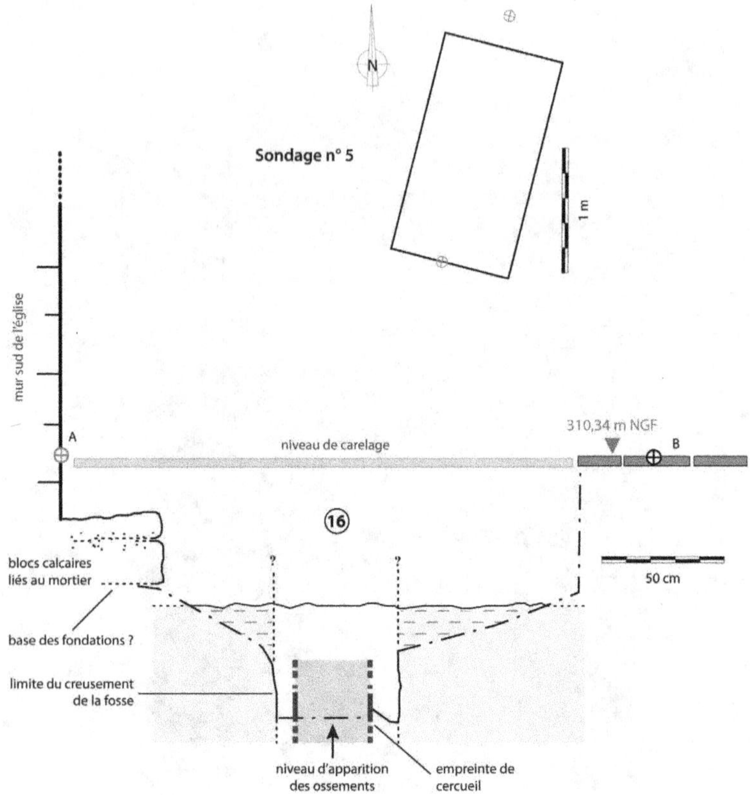

fig. 48 : église de Manses. Coupe stratigraphique nord-sud du sondage n° 5. Relevé L. Grimbert, Inrap. DAO PGZ, Inrap.

3.1.6. Sondage n° 6 (**fig. 49** et **50**)

Ce sondage, qui se situe dans la nef, au nord des sondages n° 4 et n° 5, n'a livré aucun vestige de nature archéologique. Les remaniements des carreaux en surface, voire des impressions de sous-tirage, nous laissaient pourtant croire que des sépultures se trouveraient également à cet emplacement de l'église.

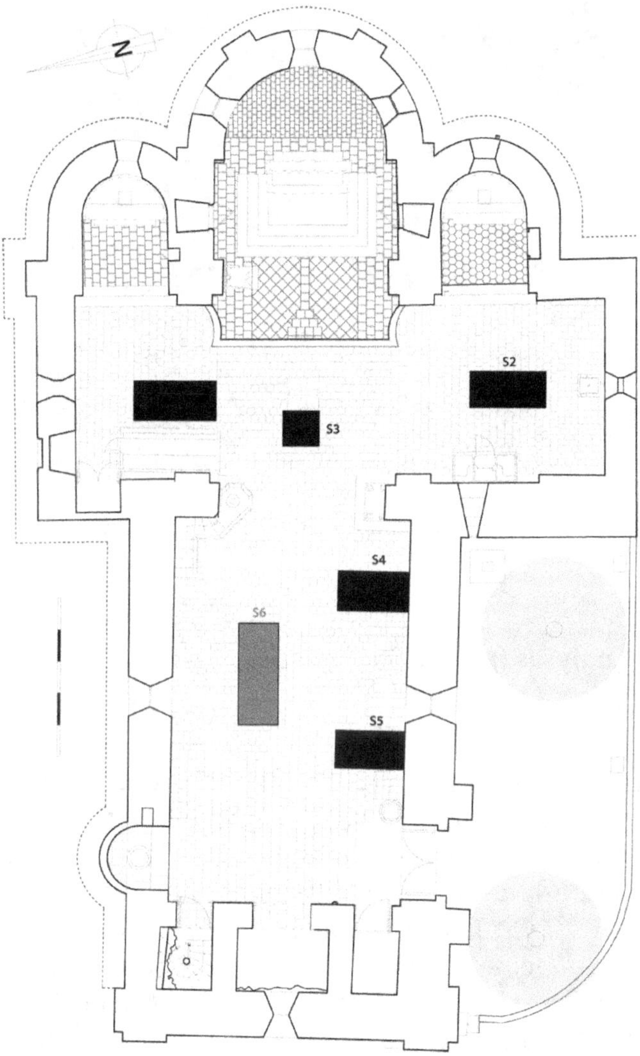

fig. 49 : église de Manses. Localisation du sondage n° 6. © B. Dumons – SARL Architecture et Paysage. Topo. L. Grimbert., Inrap DAO PGZ, Inrap. [échelle : 5 m].

fig. 50 : église de Manses. Sondage n° 6. © PGZ, Inrap.

3.2. Analyses (*par E. Schotsmans*)

Le plus souvent, pour de telles découvertes, les mots « plâtre » et « chaux » sont employés alors qu'aucune analyse du matériau n'est engagée. Le plâtre, d'apparence similaire à la chaux, a également été observé en contexte funéraire[15]. Or, la distinction entre ces deux matériaux ne peut pas être effectuée seulement à partir d'une appréciation visuelle. C'est la raison pour laquelle il a été décidé de caractériser la nature de la matière blanchâtre (« terme d'attente »), retrouvée dans les sépultures SP8 (sondage n° 3) et SP11 (sondage n° 4).

[15] Par exemple Devièse *et al.* 2010.

3.2.1. Description des échantillons

- **Manses 2015_01_Sp8 :** morceau de poudre blanchâtre agglomérée avec une empreinte ligneuse ; couleur brun très pâle (**fig. 51** et **fig. 52**).

- **Manses 2015_02_Sp11 :** morceau de poudre blanchâtre agglomérée, légèrement plus pâle que l'échantillon précédent ; couleur brun très pâle. Une des faces présente des éléments de sol ayant adhéré (**fig. 53** et **fig. 54**).

3.2.2. Méthodologie

L'analyse de ces échantillons spécifiques a consisté en premier lieu à faire des observations à l'aide d'un microscope optique. La micromorphologie et la composition élémentaire principale ont été obtenues en microscopie électronique à balayage-spectroscopie à rayons X à dispersion d'énergie, nécessitant une préparation spéciale des échantillons.

L'identification de la structure cristalline et la minéralogie des échantillons ont été réalisées par diffraction des rayons X sur poudre[16].

[16] Pour le rapport complet de la méthodologie employée, cf. annexe 4.

fig. 51 : église de Manses. Échantillon de la SP8. © PGZ, Inrap.

fig. 52 : église de Manses. Échantillon de la SP8. © E. Schotsmans, Univ. de Bordeaux.

fig. 53 : église de Manses. Échantillon de la SP11. © PGZ, Inrap.

fig. 54 : église de Manses. Échantillon de la SP11. © E. Schotsmans, Univ. de Bordeaux.

3.2.3. Résultats

Lors de l'observation visuelle, les deux échantillons sont apparus comme non homogènes ; ils contiennent clairement des inclusions (**fig. 55**).

fig. 55 : église de Manses. Échantillon de la SP8 montrant des inclusions de sable. © E. Schotsmans, Univ. de Bordeaux.

Les échantillons n'ont montré aucune micromorphologie distinctive ou structure cristalline (**fig. 56**) indiquant que la calcite provient probablement de calcaire chauffé (chaux).

La diffraction des rayons X sur poudre a caractérisé les échantillons comme étant principalement de la calcite et du quartz (**fig. 57**). La calcite est la forme la plus stable de carbonate de calcium ($CaCO_3$). Cela signifie que les échantillons se composent comme un dérivé de calcaire $CaCO_3$ (calcite) mélangé avec du sable (quartz)[17].

En conclusion, il s'agit d'un matériau composé de sable et de chaux (quartz et calcite), des éléments entrant dans la composition d'un mortier.

fig. 56 : église de Manses. L'analyse de l'échantillon de la sépulture SP11 en microscopie électronique à balayage ne montre aucune morphologie définie ou structure cristalline.
© E. Schotsmans, Univ. de Bordeaux.

[17] L'intérieur des échantillons a également été analysé pour éviter la contamination du sol y adhérant.

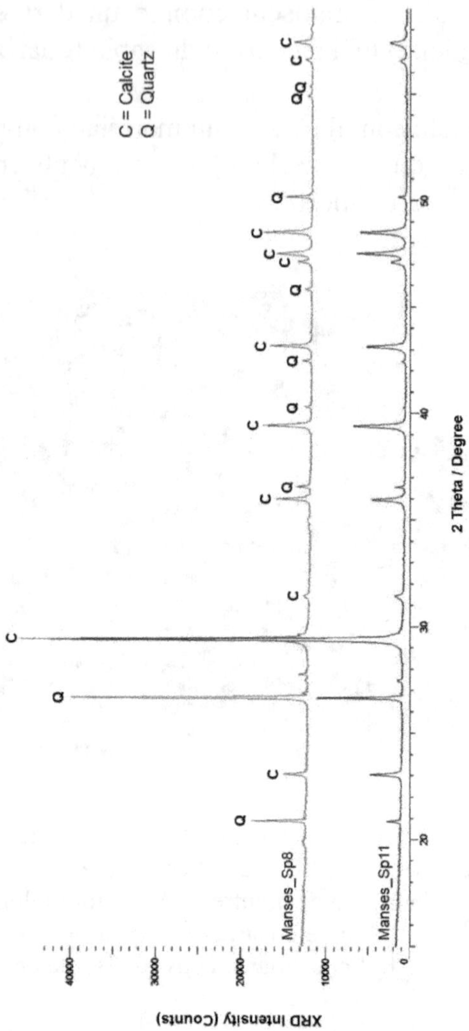

fig. 57 : église de Manses. Diffraction des rayons X sur poudre des échantillons analysés indiquant la présence de quartz (SiO_2) et de calcite. Le modèle de diffraction des rayons X sur poudre de quartz (= sable) contient des pics de diffraction à 2θ = 20,8, 26,7, 36,5, 40,3, 42,4, 45,7, 50,1, 54,8 et 55,3. Le modèle de diffraction des rayons X sur poudre de la calcite contient des pics à 2θ = 23,1, 29,4, 31,3, 36,0, 39,5, 43,2, 47,4, 48,5, 56,7 et 57,5. © E. Schotsmans, Univ. de Bordeaux.

CHAPITRE 4

INTERPRÉTATIONS ET COMPARAISONS

4.1 Synthèse et discussions *(par P. Georges-Zimmermann, S. Duchesne, L. Grimbert et E. Schotsmans)*

À l'issue du creusement des six sondages (**fig. 58**), nous avons pu recueillir un certain nombre d'observations intéressant l'histoire de l'église, inextricablement liée à celle des pratiques funéraires et même du village.

Le fragment de *tegula* (tuile antique) dans le sondage n° 3, certes hors stratigraphie, est le signe d'une occupation antique, sinon à l'emplacement du village actuel, tout du moins dans son environnement immédiat. Le village de Manses se situant en bas d'une pente, l'existence d'une occupation gallo-romaine en hauteur n'est pas exclue.

Le four a une position stratigraphique et altimétrique très claire : nettement plus bas que les sépultures observées dans le même sondage (n° 2), il est assurément antérieur à l'une d'entre elles, seul élément de chronologie tangible. L'hypothèse d'un four à chaux est privilégiée au regard des blocs calcaires retrouvés dans son comblement, et dont on peut imaginer qu'ils étaient situés très près du temps de son utilisation. Matière première pour la chaux,

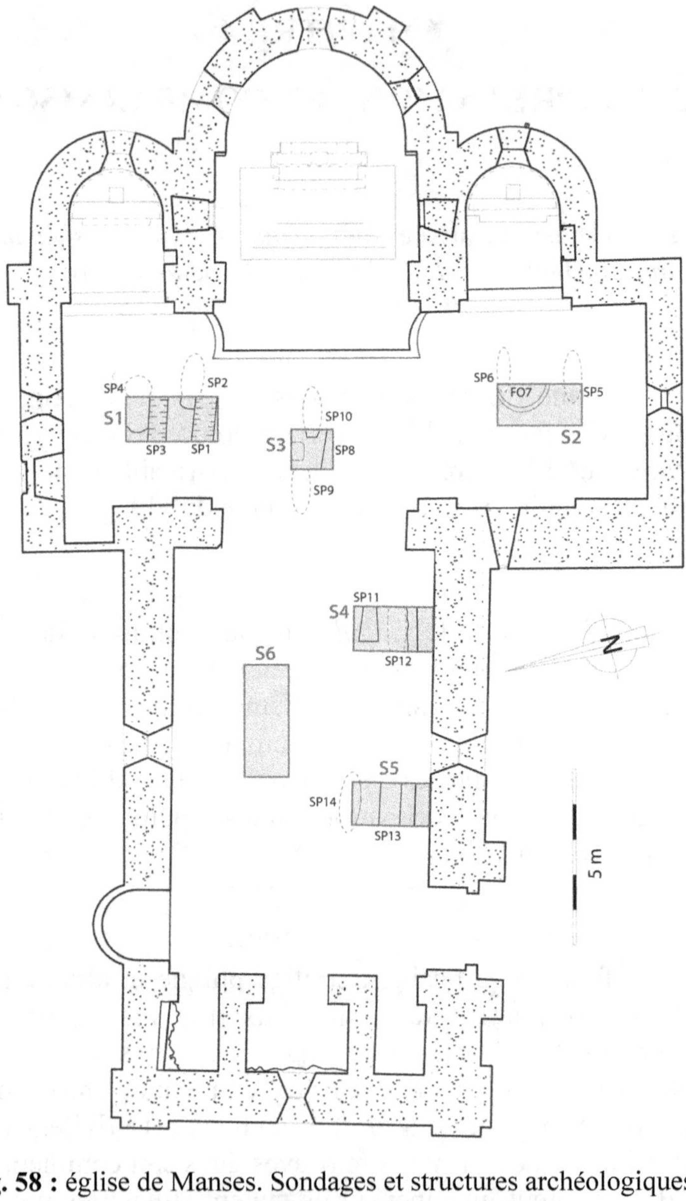

fig. 58 : église de Manses. Sondages et structures archéologiques.
© B. Dumons – SARL Architecture et Paysage.
Topo. L. Grimbert. DAO PGZ, Inrap.

ces blocs calcaires auraient par la suite servi à combler le four une fois son utilisation terminée. Ce four a-t-il alors été construit au moment de l'édification de l'église ? la question demeure… L'hypothèse d'un four à cloche, même si rien ne le démontre *a priori* ne peut cependant pas être catégoriquement exclue.

Des sépultures ont été trouvées dans tous les sondages, sauf le sondage n° 6 : il y en a donc à la fois dans le transept (sondages n° 1 à n° 3) et dans la moitié sud de la nef (sondages n° 4 et n° 5)… et peut-être ailleurs. La localisation des sondages, établie conformément au cahier des charges de l'État, ne permet guère d'aller plus loin dans la définition de la zone sépulcrale. Hormis pour les sondages n° 2 et n° 6 – ce dernier était totalement vierge – la densité de sépultures (à l'emplacement des sondages) avoisine une par mètre carré, soit un volume relativement important. Les informations stratigraphiques tendent à montrer un niveau de complexité peu élevé, malgré cette densité.

La présence des traces ligneuses dans la sépulture SP8 semble indiquer la présence initiale d'un coffrage en bois : banche pour circonscrire et modeler le mortier jusqu'à son durcissement, ou contenant élaboré *in situ* pour le repos définitif du corps. Il n'est pas possible de trancher. Quoi qu'il en soit, rien ne permet d'indiquer comment le corps a été transporté jusque dans la fosse. Le séchage n'était que partiel au moment du comblement de la sépulture et il n'y avait *a priori* aucun couvercle comme le suggèrent l'irrégularité de sa surface et l'agglomérat de cailloutis et de terre sur la matière recouvrant le corps.

Dans ce cas, l'ensemble des informations permet de proposer les étapes suivantes, avec bien évidemment quelques incertitudes en termes de chronologie :

- Creusement de la fosse

- Élaboration du coffrage de bois/banche

- Dépôt de la défunte enveloppée dans un linceul

- Remplissage du contenant avec du mortier « frais » (non solidifié), moulant le corps et le tissu, jusqu'à recouvrir complètement le corps

- Comblement de la fosse avec le sédiment extrait alors que le mortier est encore « frais »

La sépulture SP10 présente un individu dont la tête était placée à l'est, dans le sens inverse de tous les individus retrouvés jusque là. Cet indice nous amène à penser que cet individu pourrait être un ecclésiastique. D'autant plus que cette sépulture se situe à l'aplomb et dans l'axe de l'assemblage de pierres marquées d'une croix. Son creusement démarre directement sous le sol carrelé de l'église, ce qui tend à accréditer la relation avec cette marque et à montrer une datation relativement récente, durant la période moderne.

La découverte de clous dans ce type de contexte est généralement interprétée comme l'existence initiale d'un cercueil, dont les planches et le couvercle auraient de fait disparu. Ce type de contenant est utilisé à la fois pour le transport et le dépôt définitif du corps. C'est l'hypothèse que nous privilégions, même si on ne peut pas exclure catégoriquement l'installation d'un coffrage/banche, avec un couvercle cloué. De la matière blanchâtre, probablement du mortier comme dans les sépultures SP8 et SP11, a été versée dans l'espace vide entre les parois du cercueil et le bord du creusement de la fosse sépulcrale.

Les étapes suivantes, avec quelques incertitudes en termes de chronologie, peuvent alors être proposées :

- Creusement de la fosse

- Dépôt du défunt dans le cercueil

- Transport du cercueil puis dépôt dans la fosse

- Remplissage de mortier dans la fosse, dans l'espace entre le cercueil et les parois du creusement, jusqu'en haut du cercueil

- Comblement de la fosse avec le sédiment issu du creusement

- Mise en place d'une signalisation de surface, constituée de 5 blocs de pierre (épaisseur 4 cm) sur lesquels une croix dite de Malte a été gravée.

Le scénario de la sépulture SP11 est identique, si ce n'est que les trois épingles métalliques retrouvées au contact des ossements tendent à suggérer une inhumation en linceul, même si une coiffe pourrait également être envisagée. La première se situe sur l'os temporal droit. La deuxième a été trouvée sur l'os frontal et la troisième dans le thorax droit. Elles ont donc été retrouvées regroupées ; sont-elles en rapport avec l'enveloppement du corps dans un linceul ? Aussi, la raison de la présence de mortier sous le squelette n'est pas déterminée : matière passant sous le contenant ou plus probablement niveau mis en place avant le dépôt du cercueil ? La présence de clous suggère *a priori* la présence d'un cercueil ; leur position permet de définir son assemblage : les parois longitudinales encadrent la planche du fond, tandis que la paroi ouest, transverse, est assemblée sur le fond. Ce cercueil serait de forme trapézoïdale, large de 31 cm à la tête et de 21 cm aux jambes ; l'épaisseur des planches est estimée à 1,5 cm.

La trace interne, le long de la paroi gauche, donne un détail de l'assemblage : la paroi gauche dépassait quelque peu le fond du cercueil, ce qui permet de déterminer les étapes suivantes, avec les mêmes incertitudes chronologiques sur les mêmes points que pour les autres sépultures :

- Creusement de la fosse

- Enveloppement du sujet dans un linceul

- Dépôt du sujet dans le cercueil

- Transport du cercueil puis dépôt dans la fosse, après la réalisation d'un lit partiel de mortier

- Remplissage de mortier dans la fosse, dans l'espace entre le cercueil et les parois du creusement, jusqu'en haut du cercueil (et passant partiellement dessous ?)

- Comblement de la fosse avec le sédiment issu du creusement

4.2. Problématique générale des matières blanches dans des sépultures (*par E. Schotsmans*)

Quel que soit son mode d'application, à l'intérieur des contenants ou pour les imiter, la problématique générale concernant l'identification de la matière blanche, souvent qualifiée de chaux sans analyse spécifique[18] rejoint une discussion plus large sur les sépultures de plâtre et de chaux concernant l'interprétation de ces pratiques funéraires[19]. En premier lieu, la méthode d'application de la matière, l'intention qui la sous-tend et l'interprétation de cette pratique funéraire font encore l'objet de débats. Par ailleurs, certaines fausses idées planent sur la méthode d'application et les effets de la chaux et du plâtre sur le corps et le milieu de dépôt[20].

Le matériau blanc, retrouvé dans les sépultures SP8 (sondage n° 3), SP10 (sondage n° 3) et SP11 (sondage n° 4) est un mortier au regard du résultat d'analyse ; les impressions de bois pourraient correspondre à une tentative d'imitation des coffrages en pierres, comme cela a pu être mis en évidence sur le site de la « *Place de l'église Saint-Martin* » à Villenave-d'Ornon (Gironde)[21] ou sur le site de Saint Mary à Merton, dans le comté de Surrey en Angleterre[22]. Pour autant, la raison pour laquelle le squelette de SP8 a totalement été recouvert de mortier n'est pas claire. Dans la littérature, il est suggéré qu'une couverture de matériau blanc pourrait symboliser la pureté au moment de la mort à moins qu'il ne soit appliqué comme agent de désinfection. Mais dans ces cas, de la chaux pure est utilisée ; elle est plus blanche et plus

[18] Schotsmans *et al.* 2017.
[19] Schotsmans *et al.* 2015.
[20] Schotsmans *et al.* 2014 ; Schotsmans *et al.* 2014b.
[21] Réveillas 2014 : 134.
[22] Gilchrist, Sloane 2005 : 123-124 ; Schotsmans *et al.* 2015.

basique que le mortier. En outre, le sujet de SP8 ne présente pas aucun signe de maladie infectieuse, ce qui n'accrédite pas l'hypothèse d'une application à des fins de désinfection, même si on ne peut pas totalement écarter que ce sujet soit mort d'une infection n'ayant pas affecté les ossements. Il nous semble toutefois très délicat de conclure définitivement sur la base de ces quelques sondages et sépultures.

4.3. Les sépultures de Manses d'après les archives (*par Martine Rouche, guide conférencier*)

4.3.1. De leur emplacement…

Pour nous en tenir au cadre des XVIIe et XVIIIe s., correspondant à la période envisagée des sépultures retrouvées dans l'église (cf. datation C_{14}), les fidèles de Manses ont, d'après les registres, la possibilité d'attendre la résurrection et la vie éternelle dans l'église séculière Saint-Jean-Baptiste et le cimetière paroissial. D'après les archives (**annexe 4**), la majorité des sépultures sont situées au sein de ce dernier, avec chaque fois la précision de ce lieu dans les registres des Baptêmes, Mariages, Sépultures (BMS), entre le 20 mars 1634 et le 11 mai 1730[23]. Hormis le fait que Manses a un cimetière paroissial, ce qui n'est pas le cas de toutes les communes, la plupart des habitants, de situation modeste, sont sans doute morts sans avoir élu leur lieu de sépulture de façon écrite ou devant témoins[24].

[23] Il n'y a pas de registre antérieur et il n'y a plus de sépultures ecclésiales après 1730 (lecture jusqu'à 1799).

[24] Paradoxalement, il se trouve des cas très particuliers, cités dans des

Sur le corpus de 41 sépultures auxquelles il a été procédé entre le 20 mars 1634 et le 11 mai 1730 dans cette église, il est possible d'établir des groupes, soit par les précisions de lieu à l'intérieur de l'église, soit par les personnes concernées. Sur 41 actes, 6 précisent « la chapelle Notre Dame » ou « devant la chapelle Notre Dame », 2 précisent « à la sépulture de ses ancêtres », 32 situent la sépulture dans l'église Saint-Jean Baptiste, 1 dans « l'église de monsieur saint Jean-Baptiste ».

Sur les 41 personnes enterrées dans l'église, il y a 10 hommes, 11 femmes, 15 enfants (entre quelques jours et 14 ans), 4 prêtres et 1 diacre.

Selon les règles des premiers siècles de l'Église, les sépultures devaient être éloignées des lieux de vie et des lieux de culte. Songeons ainsi aux nécropoles du haut Moyen Âge. À partir du 10 mars 1776, les mêmes règles reviennent. Entre temps, par étapes progressives, les lois de l'Église se sont faites moins strictes et religieux, nobles et simples fidèles pouvaient être enterrés dans les églises, « *ad sanctos* », auprès des « *corps saints* ». Deux raisons à cette évolution : le désir des fidèles d'une sépulture plus honorable et le bénéfice que rapportaient les enterrements

---

études plus générales sur les statuts des morts sous l'ancien régime ou sur l'attitude devant la mort, pour lesquels le fidèle précise dans son testament ou devant quatre « témoins singuliers » qu'il désire et veut être enterré au cimetière paroissial, par humilité, alors que son rang ou l'existence d'un tombeau familial dans l'église lui permettraient d'être enterré « à la sépulture de ses prédécesseurs ». Cette volonté d'humilité marque aussi que le corps et ses restes ont alors moins d'importance dans l'esprit des fidèles. Plus avant dans le XVIIIe s., sans attendre l'édit royal du 10 mars 1776 interdisant les sépultures dans les églises, le souci de l'hygiène se fait jour (Thibaut-Payen 1977 : 36).

aux fabriques. Dans le corpus des sépultures de l'église de Manses, le prix de 10# [dix livres] est mentionné plusieurs fois, soit comme étant promis par la veuve ou le fils, soit comme ayant été versé. Il est même précisé dans un cas que cette somme a servi à acheter un bénitier à bassin de cuivre sur quatre piliers de fer, aujourd'hui disparu.

La chapelle Saint-Roch de cette église n'est jamais mentionnée, seule figure la chapelle de Notre-Dame, sépulture de la famille Vernhes, pendant cent ans au moins, y compris pour les femmes ayant épousé un Vernhes. Les femmes, qui avaient alors peu de droits personnels sauf quand elles devenaient veuves, avaient celui de choisir leur lieu de sépulture ; elles choisissaient en général soit le tombeau de leur époux, soit le tombeau de leurs parents[25], mais ce n'est le cas pour aucune femme dans les registres de Manses.

Le seul endroit, dans une église, canoniquement interdit était sous l'autel : nul ne pouvait être enterré au lieu exact de la célébration et de la présence divine. La partie la plus honorifique de l'église étant le chœur, c'est là que sont enterrés les évêques, comme dans l'église cathédrale de Mirepoix, les prêtres, vicaires, curés et, sans doute, le diacre décédé à Manses.

Pour les simples fidèles, il est possible d'être enterré dans l'église, contre le versement d'une somme (cf. *supra*). La tombe doit être plate, dans la nef, avec ou sans inscription. Elle peut être familiale ou individuelle.

---

[25] *in tumulo majorum si locus certus sit* : « au tombeau des prédécesseurs si l'on est sûr du lieu ».

Elle est souvent placée sous le banc occupé par le fidèle de son vivant. Un fidèle peut aussi être enterré dans un caveau commun, situé dans la nef de l'église.

Les emplacements sont entérinés par le curé ou le vicaire, mais désignés par les marguilliers et fabriciens, qui perçoivent la somme prévue, pour l'utiliser aux travaux et à l'entretien de l'église, ainsi qu'aux achats de certaines fournitures.

4.3.2. … aux questions de droit

De nombreux testaments du XVIIe s. fournissent un éclairage précis et récurrent sur les pratiques et les volontés des fidèles. Ils montrent une forme d'envahissement des lieux de culte paroissiaux ou conventuels par les tombes, alors que les esprits du XVIIIe s. évoluent et préparent déjà l'édit royal de 1776 en éloignant les sépultures des églises, à cause des dalles du sol souvent soulevées et disjointes et des vapeurs méphitiques qui incommodent le clergé et les fidèles. Dans l'église de Manses, il n'y a pas de tombe de fondation, c'est-à-dire de tombe contenant la dépouille d'un seigneur ou d'un religieux fondateur. Il n'y a que des tombes ou sépultures de concession.

Un évêque, antérieurement à 1634, a concédé une part du sous-sol d'une chapelle latérale de l'église de Manses à une ou des familles ; celles qui avaient leur concession dans cette chapelle en assuraient l'entretien et la décoration sous le contrôle du clergé et des marguilliers.

Louis Aubert de Villeserin, évêque de Senez, explique dans ses ordonnances pastorales (1678) : « *L'argent que l'on donne n'est pas pour la terre précisément, laquelle étant de soy bénite, ne peut estre vendue, ny pour les cérémonies ny autres offices ecclésiastiques qui se font pour le soulagement spirituel des défunts (...) mais c'est pour le droit qu'acquiert une personne de se faire enterrer et sa famille en tel lieu, à l'exclusion de tout autre, ce qui est onéreux à l'église et peut être estimé par argent* »[26]. Durand de Maillane écrit dans le même sens : « *Pour ce qui est des particuliers, ils ont obtenu des sépultures dans l'église paroissiale par certaines rétributions à peu près comme des places pour les bancs (...) en payant un certain droit qui n'a rien de simoniaque* »[27].

Selon les nombreuses études consacrées par Philippe Ariès à la mort en Occident et à l'attitude de l'homme devant la mort[28], on pourrait résumer l'évolution de cette attitude de la façon suivante : progressivement, le rapprochement des morts vers les églises et les cimetières des églises pourrait s'apparenter à une mort apprivoisée (*Et moriemur*, « Nous mourrons tous »). Les corps sont confiés à l'Église et les vivants et les morts cohabitent parfaitement, y compris, ne l'oublions pas, dans les cimetières. Les vivants étaient aussi familiers avec les morts que familiarisés avec l'idée de leur propre mort : « *Rien n'étant plus certain que la mort ni plus incertain que son heure* ... ». À l'intérieur de cette longue acceptation, avec l'apparition des « *artes moriendi* », l'homme occidental découvre plus précisément au XVIIe s. « la mort de soi »[29]. Dans le courant du XVIIIe s.,

---

[26] Bertrand 2005.

[27] de Maillane 1776.

[28] Ariès 1975, 1977.

[29] À cette période, la courbe de la production d'ouvrages de piété, au sein desquels le thème de la mort prospère sous diverses formes, connaît une progression spectaculaire.

l'homme qui reçoit le fruit des réflexions philosophiques tend à considérer que la mort transgresse la vie et lui arrache des êtres chers, ce que Philippe Ariès appelle la « mort de toi » ; elle est vécue comme une rupture douloureuse et va donner lieu, au XIXe s., à de purs excès de réactions et de représentations[30].

[30] Ariès 1975. Philippe Ariès termine ses *Essais sur l'histoire de la mort en Occident du Moyen à nos jours* de façon pessimiste, en donnant au dernier le titre de « La mort interdite » pour les années actuelles …

BIBLIOGRAPHIE

Ariès 1975 : Ariès (Ph.). – *Essais sur l'histoire de la mort en Occident, du Moyen Âge à nos jours*, Paris.

Ariès 1977 : Ariès (Ph.). – *L'homme devant la mort*, Paris, 1977.

Barbier 2014 : Barbier (P.) (dir.). – *Midi-Pyrénées, Ariège, Manses, Berbiac*, Rapport d'opération, Diagnostic archéologique, Inrap, Grand-Sud-Ouest, 2014.

Bertrand 2000 : Bertrand (R.). – Le statut des morts dans les lieux de cultes catholiques à l'époque moderne, *Rives nord-méditerranéennes,* 6, p. 9-19.

Bruzek 1991 : Bruzek (J.). – *Fiabilité des procédés de détermination du sexe à partir de l'os coxal. Implications à l'étude du dimorphisme sexuel de l'homme fossile.* Thèse de doctorat, Museum National d'Histoire Naturelle, Institut de Paléontologie Humaine, inédite.

Cinthio 2002 : Cinthio (M.). – *De första stadsborna: medeltida gravar och människor i Lund.* Stockholm, 2002.

Devièse *et al.* 2010 : Devièse (T.), Vanhove (C.), Chapoulie (R.), Blanchard (P.), Colombini (M.P.) Regert (M.), Castex (D.). – Détermination et fonction des substances organiques minérales exploitées dans les rites funéraires de la catacombe Marcellin à Rome (I–III siècle). *In* Cartron (I.), Castex (D.), Georges (P.), Charageat (M.) (Eds.), *De corps en corps. Traitement et devenir* des Sciences de L'Homme d'Aquitaine, Pessac, 2010, p. 115–139.

Gilchrist, Sloane 2005 : Gilchrist (R.), Sloane (B.). – *Requiem : the medieval monastic cemetery in Britain*, Londres, 2005.

Maillane 1776 : Maillane (D. de). – *Dictionnaire de droit canonique et de pratique bénéficiale*, Lyon, 1776, 5 vol.

Moorrees *et al.* 1963 : Moorrees (C. F. A.), Fanning (E. A.), Hunt (E. E.). – Formation and resorption of three decidous teeth in Children. *American Journal of Physical Anthropology* 21, 1963, p. 205-213.

Moorrees *et al.* 1963 : Moorrees (C. F. A.), Fanning (E. A.), Hunt (E. E.). – Age variation of formation stages for ten permanent teeth. *Journal of dental Research* 42 (6), 1963, p. 1490-1502.

Murail *at al.* 2005 : Murail (P.), Bruzek (J.), Houët (F.), Cunha (E.). – DSP : a tool for probabilistic sex diagnosis using worldwilde variability in hip bone measurements. *Bulletins et Mémoires de la Société d'Anthropologie de Paris* 17 (n. s. 3-4), 2005, p. 167-176.

Réveillas 2014 : Réveillas (H.) (dir.). – *Villenave-d'Ornon - Place de l'église Saint-Martin.* Bordeaux Métropole, SRA, DRAC Aquitaine, ministère de la Culture et de la Communication, Bordeaux, 2014.

Sablayrolles 2009 : Sablayrolles (R.) (dir.). - *L'Ariège 09*, Carte archéologique de la Gaule, Académie des Inscriptions et Belles Lettres, Paris, 2009.

Schotsmans *et al.* 2014 : Schotsmans (E.M.J.), Denton (J.), Fletcher (J.N.), Janaway (R.C.), Wilson (A.S.). – Short-term effects of hydrated lime and quicklime on the decay of human remains using pig cadavers as human body analogues: Laboratory experiments, *Forensic Science International*, 238, 2014, p. 142.el - 142e.10.

Schotsmans *et al.* 2014b : Schotsmans (E.M.J.), Fletcher (J.N.), Denton (JJanaway (R.C.), Wilson (A.S.). – Long-term effects of hydrated lime and quicklime on the decay of human remains using pig cadavers as human body analogues: Field experiments, *Forensic Science International*, 238, 2014, p. 141.e1 - 141.e13.

Schotsmans *et al.* 2015 : Schotsmans (E.M.J.), Van de Vijver (K.), Wilson (A.S.), Castex (D.). – Interpreting lime burials. A discussion in light of lime burials at St. Rombout's cemetery in Mechelen, Belgium (10th-18th centuries), *Journal of Archaeological Science* : Reports, 3, 2015, p. 464-479.

Schotsmans *et al.* 2017 : Schotsmans (E.M.J.) *et al.* – L'étude des matières blanches dans des sépultures : intérêt d'une démarche scientifique raisonnée, dans S. de Larminat *et al.* (éd), *Rencontre autour de nouvelles approches de l'archéologie funéraire,* Actes de la 6e Rencontre du Groupe d'anthropologie et d'archéologie funéraire, 4-5 avril 2014, Paris, 2017, p. 177-185.

Stloukal, Hanakova, 1978 : Stloukal (M.), Hanakova (H.). – The length of long bones in ancient Slavonic populations, with particular consideration to the questions of growth. *Homo* 29, 1978, p. 53-69.

Thibaut-Payen 1977 : Thibaut-Payen (J.). – *Les morts, l'Église et l'État : recherches d'histoire administrative sur la sépulture et les cimetières dans le ressort du Parlement de Paris aux XVIIe et XVIIIe siècles*, Paris, 1977.

ANNEXE 1
CATALOGUE DES SONDAGES

Sondage 1 :

Statut : positif (présence de sépultures).
Localisation : partie nord du transept, au nord du sondage n° 3.

Long. maxi. : 2,40 m.
larg. maxi. : 1,00 m.
Prof. maxi. : 1,22 m.
Surf. estimée : 2,40 m^2.
Niveau moyen du creusement : 310,30 m NGF.

Emplacement de la coupe stratigraphique : paroi occidentale du sondage.
Nombre d'US : 3 (US1 à US 3).
Nombre de structures archéologiques : 4 (SP1, SP2, SP3 et SP4).

Sondage 2 :

Statut : positif (présence de sépultures et d'un four).
Localisation : partie sud du transept, au sud du sondage n° 3.

Long. maxi. : 2,40 m.
larg. maxi. : 1,25.
Prof. maxi. : 1,25 m.
Surf. estimée : 2,64 m^2.
Niveau moyen du creusement : 310,31 m NGF.

Emplacement du log stratigraphique : paroi est du sondage, 0,20 m du coin sud-ouest.
Nombre d'US : 4 (US4 à US7).
Nombre de structures archéologiques : 3 (SP5, SP6 et FO7).

<u>Sondage 3</u> :

Statut : positif (présence de sépultures).
Localisation : partie sud du transept, au sud du sondage n° 1 et au nord du sondage n° 2.

Long. maxi. : 1,10 m.
larg. maxi. : 1,00 m.
Prof. maxi. : 0,86 m.
Surf. estimée : 1,10 m^2.
Niveau moyen du creusement : 310,31 m NGF.

Emplacement des coupes stratigraphiques :
- **n° 1 :** est-ouest, au centre du sondage.
- **n° 2 :** nord-sud, au centre du sondage.

Nombre d'US : 7 (US8 à US14).
Nombre de structures archéologiques : 3 (SP8, SP9 et SP10).

Au sein de ce sondage, hors contexte stratigraphique reconnu, mais bien en avant des sépultures, un fragment de *tegula*, tuile plate qui servait à couvrir les toits dans l'Antiquité, a été retrouvé

<u>Sondage 4</u> :

Statut : positif (présence de sépultures).
Localisation : nef, à l'ouest du sondage n° 5, le long du mur gouttereau sud.

Long. maxi. : 2,30 m.
larg. maxi. : 1,00 m.
Prof. maxi. : 0,88 m.
Surf. estimée : 2,30 m^2.
Niveau moyen du creusement : 310,30 m NGF.

Emplacement de la coupe stratigraphique : paroi occidentale du sondage.
Nombre d'US : 1 (US15).
Nombre de structures archéologiques : 2 (SP11 et SP12).

Sondage 5 :

Statut : positif (présence de sépultures).
Localisation : nef, à l'est du sondage n° 4, le long du mur gouttereau sud.

Long. maxi. : 2,10 m.
larg. maxi. : 1,00 m.
Prof. maxi. : 1,04 m.
Surf. estimée : 2,28 m^2.
Niveau moyen du creusement : 310,34 m NGF.

Emplacement de la coupe stratigraphique : paroi occidentale du sondage.
Nombre d'US : 1 (US16).
Nombre de structures archéologiques : 2 (SP13 et SP14).

Sondage 6 :

Statut : négatif (présence de sépultures).
Localisation : partie sud du transept, au sud du sondage n° 1 et au nord du sondage n° 2.

Long. maxi. : 3,00 m.
larg. maxi. : 1,00 m.
Prof. maxi. : 0,80 m.
Surf. estimée : 3,00 m^2.
Niveau moyen du creusement : 126,00 m NGF.

Emplacement de la coupe stratigraphique : -
Nombre d'US : -
Nombre de structures archéologiques : -

ANNEXE 2
CATALOGUE DES SÉPULTURES

NB : Les observations ont été réalisées avant la réfection de l'église ; les données concernant les mesures doivent en tenir compte.

Sépulture n° 1 (SP 1)

Localisation : sondage n° 1.
Situation : extrémité nord du sondage.
Statut : non fouillée ; décapée à la pelle mécanique.

Identification de l'individu : adulte, de sexe indéterminé.
Position et orientation de l'individu : allongé sur le dos, tête à l'ouest, main gauche sur le thorax droit ; position de la main droite indéterminée.

Dimensions de la fosse : pas de limites de fosse clairement visibles. Son ouverture, visible dans la berme nord du sondage, est à 0,55 m sous le niveau du carrelage de l'église.
Comblement : amas de blocs calcaires dans limon compact sombre.
Niveau d'inhumation : -

Relations stratigraphiques : scellée par les deux niveaux de sol de mortier.
Datation : indéterminée.

Sépulture n° 2 (SP 2)

Localisation : sondage n° 17.
Situation : entre les sépultures SP1 et SP3.
Statut : non fouillée ; décapée à la pelle mécanique.

Identification de l'individu : adulte, de sexe indéterminé masculin d'après la morphologie de l'os coxal (Bruzek 1991).
Position et orientation de l'individu : allongé sur le dos, tête à l'ouest ; position des mains indéterminée.

Dimensions de la fosse : largeur de 0,52 m à son ouverture.
Comblement : blocs calcaires, cailloutis, nodules de terre cuite, os remaniés dans une matrice limoneuse sans cohésion (non prélevés).
Niveau d'inhumation : 1,11 m sous le niveau du carrelage.

Relations stratigraphiques : scellée par un niveau de sol de mortier et recoupe un niveau de sol plus ancien.
Datation : indéterminée.

Sépulture n° 3 (SP 3)

Localisation : sondage n° 1.
Situation : entre les sépultures SP2 et SP4.
Statut : non fouillée ; décapée à la pelle mécanique.

Identification de l'individu : sujet immature âgé de 3,83-3,92 ans selon l'âge dentaire (Moorrees *et alii* 1963).
Position et orientation de l'individu : indéterminée ; tête à l'ouest.

Dimensions de la fosse : pas de limites de fosse visibles.
Comblement : -
Niveau d'inhumation : 0,80 m sous le niveau du carrelage.
Relations stratigraphiques : scellée par au moins le niveau de sol de mortier le plus récent.
Datation : indéterminée.

Sépulture n° 4 (SP 4)

Localisation : sondage n° 1.
Situation : extrémité sud du sondage.
Statut : non fouillée.

Identification de l'individu : adulte, de sexe indéterminé.
Position et orientation de l'individu : -

Dimensions de la fosse : largeur de 0,62 m.
Comblement : limon brun hétérogène meuble mêlé de cailloutis, os remaniés et rares tessons épars (non prélevés).
Niveau d'inhumation : -

Relations stratigraphiques : indéterminées.
Datation : indéterminée.

Sépulture n° 5 (SP 5)

Localisation : sondage n° 2.
Situation : extrémité sud du sondage.
Statut : non fouillée ; décapée (partiellement) à la pelle mécanique.

Identification de l'individu : adulte, de sexe indéterminé.
Position et orientation de l'individu : indéterminée.
Dimensions de la fosse : pas de limites de fosse clairement visibles.
Comblement : indéterminé.
Niveau d'inhumation : 1,20 m sous le niveau du carrelage.

Relations stratigraphiques : postérieure au four FO7 (?).
Datation : indéterminée.

Observations : une partie du squelette demeure dans la coupe.

Sépulture n° 6 (SP 6)

Localisation : sondage n° 1.
Situation : extrémité nord du sondage.
Statut : non fouillée ; décapée (partiellement) à la pelle mécanique.
Identification de l'individu : adulte, de sexe indéterminé.
Position et orientation de l'individu : indéterminée.

Dimensions de la fosse : pas de limites de fosse clairement visibles.
Comblement : indéterminé.
Niveau d'inhumation : 1,20 m sous le niveau du carrelage.

Relations stratigraphiques : postérieure au four FO7.
Datation : indéterminée.

Observations : une partie du squelette demeure dans la coupe.

Sépulture n° 8 (SP 8)

Localisation : sondage n° 3.
Situation : paroi sud du sondage.
Statut : explorée.

Identification de l'individu : adulte, de sexe féminin (probabilité : 99,95 %) (Murail *et alii* 2005) (**tabl. 1**).
Position et orientation de l'individu : allongé sur le dos, tête à l'ouest, membres inférieurs étendus.

Dimensions de la fosse : indéterminées (pas de limites de fosse visibles, à l'exception de la paroi nord à 10 cm de la paroi de mortier).
Comblement : limon brun avec nombreuses inclusions : cailloutis, nodules de brique/terre cuite, petits blocs calcaires.
Niveau d'apparition : 0,80 m sous le niveau du carrelage et 0,65 m sous un niveau de sol observé dans la stratigraphie (cf. *infra*).

Relations stratigraphiques : scellée par un niveau de sol.
Datation : XVIIe s. (**analyse C_{14} :** cf. annexe 3).

Observations : ce sujet, dont le squelette a été laissé *in situ*, a été inhumé dans une fosse accueillant un contenant de bois (empreintes ligneuses), mis provisoirement (banche) ou durablement (contenant), lui-même comblé de mortier jusqu'à recouvrir complètement le corps. Hormis les traces ligneuses, le

mortier a révélé l'empreinte du corps, enveloppé dans un tissu (restes fossilisés et empreinte de trame textile en face interne). Le "couvercle" de matière blanchâtre présente une surface apparente irrégulière consistant en un agglomérat de cailloutis et de terre collé à cette matière.
Les vides observés, tout comme la forme de la matière blanchâtre, indiquent clairement que le corps, dont les parties organiques ont disparu, a été recouvert de cette matière et a par conséquent été moulé.

Sépulture n° 9 (SP 9)

Localisation : sondage n° 3.
Situation : paroi ouest du sondage.
Statut : non fouillée.

Identification de l'individu : -
Position de l'individu : -

Dimensions de la fosse : largeur de 0,50 m.
Comblement : limon brun très hétérogène avec nombreuses inclusions (blocs calcaires, cailloutis, nodules de brique/terre cuite, mortier de chaux).
Niveau d'inhumation : -
Relations stratigraphiques : scellée par le même niveau de sol que la sépulture SP8 ; recoupe les niveaux de sol les plus anciens juste au-dessus du substrat.
Datation : indéterminée.

Sépulture n° 10 (SP 10)

Localisation : sondage n° 3.
Situation : paroi est du sondage.
Statut : explorée.

Identification de l'individu : adulte, de sexe indéterminé.
Position et orientation de l'individu : allongé sur le dos, membres inférieurs en extension ; tête à l'est.

Dimensions de la fosse : largeur aux pieds à - 0,75 m au premier ressaut et - 0,90 m au second ressaut.
Comblement : limon brun très hétérogène avec nombreuses inclusions (blocs calcaires, cailloutis…).
Niveau d'inhumation : 0,95 m sous le niveau du carrelage. Apparition de matière blanche à - 0,86 m sous le carrelage.

Relations stratigraphiques : scellée par le carrelage et recoupe un niveau de sol antérieur.
Datation : indéterminée.

Observations : la présence de clous (N = 2 ; non prélevés) et de restes de bois suggère *a priori* une inhumation en cercueil, large de 27 cm au niveau des pieds. Le mortier a manifestement été coulé entre le contenant et les parois de la fosse, ce qui aboutit à des parois extérieures irrégulières (moulant les parois de la fosse ?) et des parois intérieures rectilignes, en raison de la présence du contenant. La largeur du bord ouest mesure 10 cm de large, pour 20 cm au nord et 15 cm au sud.
Le creusement démarre directement sous l'assemblage de dalles marquées d'une croix.

Sépulture n° 11 (SP 11)

Localisation : sondage n° 4.
Situation : extrémité nord du sondage.
Statut : explorée.

Identification de l'individu : sujet immature, âgé de 3,83-5,83 ans selon l'âge dentaire (Moorrees *et alii* 1963) et de 4-5 ans environ selon l'âge osseux (Stloukal, Hanakova 1978) (**tabl. 2**).
Position et orientation de l'individu : allongé sur le dos, membres inférieurs en extension ; tête à l'ouest. Les membres supérieurs sont fléchis (mains en position dite haute).

Dimensions de la fosse : largeur de 0,50 m au niveau de la tête et de 0,46 m au niveau des jambes.
Comblement : indéterminé.
Niveau d'inhumation : 0,72 m sous le niveau du carrelage.

Relations stratigraphiques : -
Datation : indéterminée.

Diaphyse	**L**	**Stloukal, Hanakova 1978**
humérus	147	
radius	106	
ulna	114	4-5 ans
fémur	197	

tabl. 2 : SP11 - estimation de l'âge à partir des longueurs diaphysaires (d'après Stloukal, Hanakova 1978).

Observations : même aménagement de matière blanchâtre que pour la sépulture SP10, avec des parois ouest, nord et sud respectivement larges de 9,5 cm, de 13 cm et de 8,5 cm, hauteur conservée 17 cm, avec une empreinte des parois longitudinales du cercueil dans le fond, profonde de 1 à 3 mm.
Deux clous ont été retrouvés : l'un est vertical à la tête, pointe vers le haut, à 16 cm depuis la paroi nord, et le second est sous l'épaule droite, en position horizontale. Ce qui tend à laisser croire que le contenant dans lequel ce sujet a été déposé était un cercueil ; la position de ces clous permet de définir son assemblage : les parois longitudinales encadrent la planche du fond, tandis que la paroi ouest, transverse, est assemblée sur le fond. Ce cercueil serait de forme trapézoïdale, large de 31 cm à la tête et de 21 cm aux jambes ; l'épaisseur des planches est estimée à 1,5 cm.

Trois épingles métalliques ont été découvertes en contact des ossements, ce qui suggère une inhumation en linceul. La première se situe sur l'os temporal droit. La deuxième a été trouvée sur l'os frontal et la troisième dans le thorax droit.

Enfin, une monnaie (non datable) a été retrouvée dans le comblement de la fosse, au-dessus de l'aménagement nord de matière blanchâtre.

Sépulture n° 12 (SP 12)

Localisation : sondage n° 4.
Situation : extrémité sud du sondage.

Statut : non fouillée

Identification de l'individu : -
Position et orientation de l'individu : -

Dimensions de la fosse : 0,22 m de large (?)
Comblement : indéterminé.

Niveau d'inhumation : 0,76 m sous le niveau du carrelage.
Relations stratigraphiques : -
Datation : indéterminée.

Sépulture n° 13 (SP 13)

Localisation : sondage n° 5.
Situation : partie centrale du sondage.
Statut : non fouillée

Identification de l'individu : adulte, de sexe indéterminé.
Position et orientation de l'individu : allongé sur le dos ; tête à l'ouest.

Dimensions de la fosse : largeur de 0,50 m au niveau des épaules et des jambes.
Comblement : ne se distingue pas du remblai présent sur toute la surface de la coupe (cf. *supra*).

Niveau d'inhumation : 1,10 m.
Relations stratigraphiques : cette sépulture s'ouvre depuis le carrelage.
Datation : indéterminée.

Observations : vestiges résiduels de bois des planches latérales, ce qui permet de déterminer la largeur du contenant aux épaules et aux jambes, respectivement 36 cm et 30 cm. L'hypothèse d'un contenant de forme trapézoïdale peut être avancée.

Sépulture n° 14 (SP 14)

Localisation : sondage n° 5.
Situation : extrémité nord du sondage.

Statut : non fouillée.

Identification de l'individu : -
Position et orientation de l'individu : -

Dimensions de la fosse : -
Comblement : matrice limoneuse, homogène et peu compacte, de couleur brune.

Niveau d'inhumation : 0,60 m.
Relations stratigraphiques : -
Datation : *indéterminée.*

ANNEXE 3
RAPPORT D'ANALYSE C_{14}

**CALIBRATION OF RADIOCARBON AGE
TO CALENDAR YEARS**
Beta Analytic Radiocarbon Dating Laboratory

(Variables: C13/C12 = -19 o/oo : lab. mult = 1)

Laboratory number : Beta-435908 : MANSES SP8
Conventional radiocarbon age : 270 ± 30 BP

Calibrated Result (95% Probability)
Cal AD 1520 to 1575 (Cal BP 430 to 375)
Cal AD 1630 to 1665 (Cal BP 320 to 285)
Cal AD 1785 to 1795 (Cal BP 165 to 155)

Intercept of radiocarbon age with calibration Curve
Cal AD 1645 (Cal BP 305)

Calibrated Result (68% Probability)
Cal AD 1640 to 1655 (Cal BP 310 to 295)

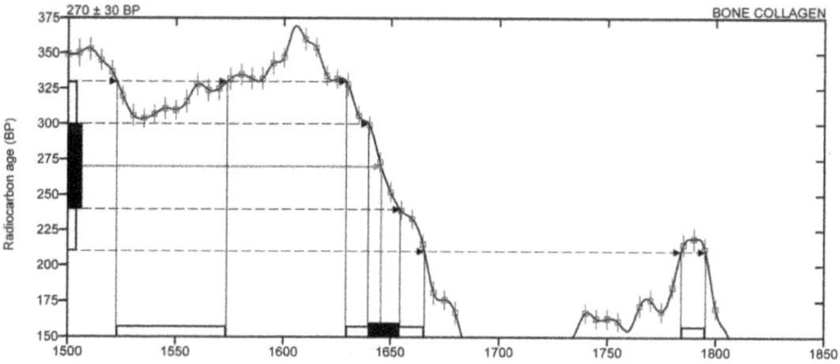

Database used **INTCAL13**
References
Mathematics used for calibration scenario
A Simplified Approach to Calibrating C14 Dates, Talma, A. S., Vogel, J. C., 1993, *Radiocarbon* 35(2):317-322
References to INTCAL13 database
Reimer PJ et al. IntCal13 and Marine13 radiocarbon age calibration curves 0-50,000 years cal BP. *Radiocarbon* 55(4):1869–1887., 2013.

ANNEXE 4
RAPPORT D'ANALYSE DE MATIÈRE

(Eline Schotsmans)

Analysis of white residue from 2 burials at Manses

June 2017 - For Patrice Georges

Report by Eline Schotsmans, PACEA De la Préhistoire à l'Actuel: Culture, Environnement et Anthropologie, UMR 5199, CNRS Université de Bordeaux, Pessac, France

Introduction. Two samples of 'white residues' from two burials (2015_01_Sp8 and 2015_02_Sp11) were sent to PACEA for analysis. The aim of this investigation was to characterise the samples.

Context of the samples. During excavations at the cemetery in Manses (France), a white material was found in two burials.

Sample description
- ***Manses 2015_01_Sp8:*** Sample consists of a chunk of whitish powder (Munsell code 10YR 8/2 – very pale brown) with wood impression.
- ***Manses 2015_02_Sp11:*** Sample consists of a chunk of whitish powder which is slightly more pale than sample Sp8 (Munsell code 2.5Y 9/2 - very pale brown). Remnants of soil were adhering to one side of the chunks it. These were probably the outer sides in contact with the surrounding soil.

Methods. The following procedure was selected for the analysis of these specific samples. First, detailed observationsof all samples were made with a light microscope. The micromorphology and main elemental composition were

investigated with SEM-EDX. Next, PXRD was used to identify the crystalline structure and mineralogy of the samples.
Microscopy. Microscopic images were obtained with a Leica Z16APO.

Scanning Electron Microscopy (SEM). A scanning electron microscope (SEM) was used to observe the micromorphology of the white residues from both burials. The samples for SEM analysis were prepared by mounting particles onto a stub with the use of Leit-C Conducting Carbon Cement (CCC), an adhesive material for the preparation of powders for SEM that forms conducting bonds between the specimen and the stub. Next, the specimens were coated with gold and analysed with a type JSM-6460LV scanning microscope (JEOL). As extra confirmation, the elemental composition of the specimens was checked using the Oxford Instruments Inca Micro Analysis System. Because of the gold coating of the samples, only the main elements could be detected.

Powder X - ray diffraction (PXRD). The key characteristic of XRD is its ability to identify crystalline structures. Furthermore, XRD is also commonly used in the study of corrosion products of metals (Pollard et al., 2007). Powder X-ray patterns were recorded on a Bruker D8 Advance diffractometer (wavelength of X-rays 0.154 nm Cu source, voltage 40 kV, filament emission 40 mA) (PXRD). Samples were scanned from 10-80° (2θ) using a 0.03° step width and a 1 second time count. The divergence slit was 0.3°. The powder patterns were evaluated using the DIFFRAC.EVA V4.1 software package.

Results. The results are summarised in Table 1. Upon visual observation, both samples were not homogenous and clearly contained inclusions. PXRD characterised the samples as mainly calcite and quartz. Calcite is the most stable form of calcium carbonate ($CaCO_3$). This means that the powder chunks consist of a derivative of limestone $CaCO_3$ (calcite) mixed with sand (quartz). Note that the inside of the chunks were analysed to avoid contamination from the adhering burial soil. The visible inclusions are likely the detected quartz/sand. In addition, the samples showed no distinctive micromorphology or crystalline structure indicating that the calcite was probably burned limestone (= lime).

Discussion. Both white chunks from two Manses burials are a combination of lime and sand. This means that a lime mortar was used to imitate a container for the burials. Mortars[31] are typically made from a mixture of sand, a binder, and water. In this case the binder appears to be lime.

Conclusion. In summary, the samples from both burials consist mainly of calcite and quartz which indicates that a lime mortar was used to create (and imitate) a burial container.

Acknowledgements
We would like to thank Rémy Chapoulie, Yannick Lefrais and Stéphan Dubernet from the Department of Chemical & Forensic Sciences at the University of Bradford and CRP2A (Centre de Recherche en Physique Appliquée à l'Archéologie) at Université Bordeaux Montaigne in France for using their equipment for analysis of the samples.

Table 1: Sample description and results.

Sample No	Munsell colour code	Munsell Colour	Characterisation by XRD	SEM	SEM-EDX (main elements detected trought gold coating)
2015_01_sp8	10YR 8/2	Very pale brown	Calcite, Quartz	No defined morphology or crystalline structure	Si, Ca
2015_02_sp11	2.5Y 9/2	Very pale yellow	Calcite, Quartz	No defined morphology or crystalline structure	Si, Ca

[31] Since the early 20th century, the most common binder of mortar is Portland cement, but the ancient binder lime (thus lime mortar) is still used in some new construction.

ANNEXE 5
SÉPULTURES DANS LES ARCHIVES

(Martine Rouche)

Manses BMS, 1NUM/279EDT/GG1 (1633-1663)

61D/84

Le 20 avril 1643 [en réalité 1634] a este ensevely Jean Vernhes age de 4 ans & enseveli a leglise St Jean de manses devant La Chapelle Notre Dame au toumbeau de ses ancestres

63G/84

Le 30 de mars 1640 a este enterrée germaine faure dans Leglise de manses âgée de 60 ans son fils guilhaume del casse a promis bailler dix livres pour leglise st jean dudit manses loffice fait par moy Dupuy

63D/84

Le neuf de juillet 1641 a Este Entere maitre Jean Montaigne praticien & paroissien providenciel de manses aage de 95 ans, a Leglise St jean baptiste de manses, son héritier ma promis de bailler dix livres pour le proufit de leglise loffice fait par moy Dupuy

64D/84

Le 29 may 1643 a Esté Entere a leglise St jean baptiste de manses pierre raziere aage de 7 moys ou environ loffice faict par moy Dupuy
Le 24 juin 1643 a Este entere francois bousquet aage de quatre moys loffice fait par moy a leglise de St jean baptiste de manses a la sépulture de ses ancestres Dupuy
Le vingt et cinq aoust 1643 a Este Ensevelie marie vernhes aagee de trois sepmaines a leglise St jean baptiste de manses Loffice fait par moy Dupuy

Le 21 de janvier 1644 a Este Ensevelie Anne Gournat femme de Guilhaume Jalabert dans leglise de St jean baptiste de manses a la sépulture de ses ancestres Loffice fait par moy Dupuy

65D/84

Le 6e may 1645 a Este Entere Jean Andrieu age de 45 ans notere de manses a leglise St jean baptiste de manses sa femme a promis paier pour sa Sepulture dix livres a leglise dudit manses loffice fait par moy Dupuy

66G/84

Le 18 novembre 1645 a Este Enseveli le corps de Jeanes des ... [illisible] femme de charles colombat a leglise St jean baptiste de manses Loffice fait par moy prestre lequel colombat a promis pour le droit de Sepulture La Somme de dix# comme appert par La promesse qua fete ledit Colombat laquelle Je tiens devers moy Dupuy

Le 26e décembre 1645 a Este Enseveli le corps de Jeanne Cazavielle veuffue a feu Jean Andrieu aagee de 65 ans ou environ dans leglise monsieur St jean baptiste de manses Loffice fait par moy Dupuy

67G/84

Le quatrième ou cinquième de Juillet 1646 a Este ensepveli Jean vernhes a leglise St jean baptiste de manses aage dun an Loffice fait par moy Dupuy

69D/84

Le quinze du moy davril 1648 Dans leglise St Jean baptiste de manses Le Corps de damoyselle marie de Salinies femme de Monsieur Vernhes de manses a Esté Enseveli devant la chapelle de Notre Dame Sepulture de Ses ancestres Loffice fait par moy Dupuy

71G/84

Le vingt et hui de janvier 1641 a l'Eglize St Jean baptiste de manses a Esté Enteré Le corps de marie serres du lieu de Sales son perre Estant fermier de Monsieur le conte audit manses

Lequel père doit baille dix livres pour Loeuvre de L'Eglise du dit manses Et pour le droit de Sepulture Loffice a Esté fait par moy Dupuy.
& Largent employé a lachat du benetier qui a Esté pose a leglise le basc de cuivre sur quatre piliers de fer le huict de may 1641

71D/84
Le dix neuf avril 1641 a Esté Entere le corps dun petit Enfent apelle Louis Seres, dans Leglise St jean baptiste de manses Loffice fait par moy Dupuy prestre recteur dudit manses
Le 13 juillet 1641 dans leglise St jean baptiste de manses a Este Entere le corps de marie brousse aagee de vingt et cinq Jours sule Loffice fait par moy et dit la messe de Angelis Dupuy

72D/84
Le mesme Jour 31 du moys de Janvier 1642 a Esté Entéré Le corps de francoyse Seres fille aagee de doutze ans ou Environ a léglise St jean baptiste de manses Loffice fait par moy Dupuy

74G/84
Le dernier décembre 1652 deceda André Cabanié agé de soixante ans ou plus, muni de tous les sacrements de leglize et fust inhumé le lendemain premier de janvier 1653 dans leglize en foy de quoy Bramonte prestre et vicaire

75D/84
Le second septembre en l'année 1654 est décédé Me duran vernhes aagé de 62 ans muny de tous les sacremens de l'église et a este enterre le 3me du mesme moys devant la chapelle de nostre dame dans l'église de manses en foy de quoy me suis signé Perier

78G/84
Le vingt et trois du moy de may 1658 a Esté Enteré Le corps de Guilhaume Jalabert aage de 75 ans a Leglize St jean baptiste de manses Loffice fait par moy vicaire perpétuel de leglize St jean baptiste dudit manses Dupuy

78D/84

Le huictiesme Juin de lannee mil six cent cinquante et huict a este decedé Mestre anthoine Dupuy prestre et vicaire perpétuel de Lesglize Sainct Jean baptiste de mansses apres avoir receu tous Les Sacremans de Leglize et ensevely par moy vicaire perpétuel soubsigné Le quatorzième dudit mois et ainsy en foy de quoy Tadieu vicaire perpétuel

Le transtiesme aoust 1660 est decede François de Casthyniolles age danviron deux ans et a Esté Ensevely dans Leglise St jean baptiste de manses le 31 par moy Rigail

82G/84

Le dernier aost 1662 deceda Elyzabeth de vernhes famé à François de Castignolles apres avoir receu toux les sacremans de leglise et feust ensevelie dans l'eglise Sainct Jean Baptiste de Manses aagee de quarante ans JVernhes recteur de Plagnes

82D/84

Le 12e septembre 1664 est decedé entre cinq et six heures du matin maistre Jean Vernhes prestre et vicaire perpétuel du lieu de manses, aagé denviron septante deux ans, lequel apres avoir receu tous les sacremens de leglise fut ensepveli le 13e dudit mois au-devant de lautel de nostre Dame de l'église de Manses, sépulture de ses prédécesseurs par moy vicaire soubsigné le meme Jour et an que dessus.

REMERCIEMENTS

Remercions en premier lieu la la ***Sarl Architecture et Paysage*** et plus particulièrement **Barthélémy Dumons**, ainsi que **Pierre Cadot**, architectes du Patrimoine, à qui nous devons l'étude préalable de l'église et le relevé des plans du bâtiment.

Nous tenons à remercier également **Jacques Gironce**, membre du conseil d'administration de l'*Aréma*, dont l'aide a été précieuse pour la relecture du contexte historique.

Nathalie Millard (Inrap) a encore été chargée de traquer fautes et coquilles, mais elle a fait plus que ça. Ses suggestions améliorent indéniablement cet ouvrage. Nous la remercions, comme à chaque fois, chaleureusement. Notre gratitude va également vers **Philippe Blanchard** (Inrap) pour les corrections de dernière minute.

Bien évidemment, **Perrine Fourgeaud** (L'Harmattan) a apporté les dernières retouches nécessaires et salutaires.

Enfin, notre gratitude va vers **Rémy Chapoulie**, **Yannick Lefrais** et **Stéphan Dubernet** du *Department of Chemical & Forensic Sciences* de l'université de Bradford et du *Centre de Recherche en Physique Appliquée à l'Archéologie* (CRP2A) de l'Université Bordeaux Montaigne pour l'utilisation des équipements nécessaires à l'analyse des échantillons.

REMERCIEMENTS

[illegible]

TABLE DES MATIÈRES

INTRODUCTION 7

CHAPITRE 1 - Caractéristiques générales 9

1.1. Cadres géographique et géologique 9
1.2. Contexte archéologique 9
1.3. Éléments d'histoire de Manses et de son église 11

CHAPITRE 2 - Déroulement de l'opération............19

2.1. Présentation du projet 19
2.2. Méthodologie 21
2.2.1. Du creusement… 21
2.2.2. … à l'enregistrement des données............... 24
2.3. Intervenants et calendrier 26

CHAPITRE 3 - Résultats........... 29

3.1. Description des sondages et des sépultures........... 29
3.1.1. Sondage n° 1 29
3.1.2. Sondage n° 2 35
3.1.3. Sondage n° 3 42
3.1.4. Sondage n° 4 53
3.1.5. Sondage n° 5 59
3.1.6. Sondage n° 6 62
3.2. Analyses. 64
3.2.1. Description des échantillons 65
3.2.2. Méthodologie 65
3.2.3. Résultats 68

CHAPITRE 4 – Interprétations et comparaisons......71

4.1. Synthèse et discussions. 71
4.2. Problématique générale des matières blanches dans des sépultures 77
4.3. Les sépultures de Manses d'après les archives..... 78
4.3.1. De leur emplacement… 78
4.3.2. … aux questions de droit................................ 81

BIBLIOGRAPHIE...85

ANNEXES
1. Catalogue des sondages. 89
2. Catalogue des sépultures..93
3. Rapport d'analyse C_{14}. 103
4. Rapport d'analyse de matière................................ 105
5. Sépultures dans les archives.................................. 109

REMERCIEMENTS...113

L'ANTHROPOLOGIE

AUX ÉDITIONS L'HARMATTAN

Dernières parutions

PROPÉDEUTIQUE À L'ANTHROPOLOGIE SOCIALE ET CULTURELLE
Edjenguèlè Mbonji, Edongo Ntede Pierre François
Voici un condensé de cours et de données essentielles, s'inspirant des enseignements des auteurs. Ce guide facilitateur du savoir anthropologique réaffirme que la notion de culture constitue le concept fondamental de l'anthropologie. Chaque culture est singulière et apprend à ses membres un ensemble de modèles et de pratiques originales propres à faciliter leur intégration dans la vie.
(Harmattan Cameroun, 28.50 euros, 274 p.)
ISBN : 978-2-343-12345-5, ISBN EBOOK : 978-2-14-004182-2

VANIA DE GILA-KOCHANOWSKI
Un savant tsigane
Mégret Jean-Claude
Vania de Gila-Kochanowski, Tsigane d'origine lettonne, docteur en linguistique en Sorbonne et en anthropologie à Toulouse, a été le premier grand savant de son peuple. Infatigable combattant pour la cause de sa langue et de son ethnie, il s'est battu sur tous les fronts : linguistique, politique, anthropologique, historique ou encore littéraire. Cet ouvrage retrace son parcours depuis les forêts lettones jusqu'au Quartier latin de Paris, en passant par l'Inde. Les Tsiganes trouveront dans ce livre un exposé et une première initiation à ses travaux.
(35.00 euros, 420 p.)
ISBN : 978-2-343-12085-0, ISBN EBOOK : 978-2-14-004113-6

QUE FAIRE DE L'ORANG-OUTAN ?
Reconstruire la nature à Nyaru Menteng, Bornéo (Indonésie)
Louchart Frédéric
L'animal encombre les plantations de palmiers à huile et nos mauvaises consciences. Mais d'où vient que nous soyons si préoccupés de son sort, et de quoi cette culpabilité est-elle faite ? Ce livre retrace l'histoire des sciences qui a vu passer l'orang-outan de l'homme sauvage à l'être intelligent. Au-delà du centre de réintroduction de Nyaru Menteng (Bornéo, Indonésie), le sort de l'orang-outan pose la question d'une sélection humaine globale du vivant, et interroge notre capacité à reconstruire la nature, caractéristique essentielle de l'anthropocène.
(21.50 euros, 212 p.)
ISBN : 978-2-343-11723-2, ISBN EBOOK : 978-2-14-003821-1

PRÉCIS D'ETHNOGRAPHIE FORMELLE
Contribution à une ethnographie comparée des communautés rurales dans les pays du Sud
D'Hont Olivier
Dans cet ouvrage, l'auteur propose la construction d'une représentation et une modalité d'analyse de la réalité locale au niveau de la communauté rurale dans les pays du Sud, en traitant cette dernière comme la conjonction de trois types de systèmes : un système matériel, un système idéel et un système social. L'auteur incite à la recherche de procédures consensuelles de modélisation de cette réalité même au prix d'un réductionnisme. Celles-ci étant seules à même de donner à l'ethnographie la capacité d'exister significativement aux côtés des disciplines plus avancées dans leur formalisation.
(24.50 euros, 244 p.)
ISBN : 978-2-343-11629-7, ISBN EBOOK : 978-2-14-003536-4

TRADITIONS INDO-EUROPÉENNES ET PATRIMOINES FOLKLORIQUES – Mélanges offerts à Bernard Sergent
Textes réunis et édités par Alain Meurant
Spécialiste unanimement reconnu de la lecture des mythes et des légendes, Bernard Sergent a consacré sa carrière de chercheur au CNRS à un examen aussi fin qu'approfondi des traditions issues du patrimoine indo-européen, tout en s'intéressant à celles du monde amérindien et à la mythologie populaire des différents terroirs français. C'est à ce savant de haute stature que ses collègues ont voulu adresser un témoignage de reconnaissance en lui offrant ce volume d'hommages.
(Coll. Kubaba, série Antiquité, 59.00 euros, 756 p.)
ISBN : 978-2-343-10655-7, ISBN EBOOK : 978-2-14-003440-4

LE CULTE ET SES MANIFESTATIONS DANS LA MYTHOLOGIE HITTITE ET L'ANCIEN TESTAMENT
Essai anthropologique
Nutkowicz Hélène, Mazoyer Michel
Destinés à mettre en place et renforcer les liens avec leur Dieu/leurs dieux, les cultes décrits dans la mythologie hittite ainsi que dans l'Ancien Testament sont ici dépeints, comparés et étudiés dans leur matérialité, qu'il s'agisse des sacrifices et de leurs significations, des lieux de culte, des fêtes et de leur organisation qui mettent en scène des rites témoignant encore et toujours de l'intérêt porté par les humains à leur Dieu/leurs dieux. La comparaison de leurs aspects les rend à la fois proches et lointains et les inscrits également dans une approche universelle.
(Coll. Kubaba, 15.00 euros, 134 p.)
ISBN : 978-2-343-11597-9, ISBN EBOOK : 978-2-14-003426-8

COCONSTRUIRE LE TOURISME AUTOCHTONE
par la recherche-action participative et les technologies de la communication
Une nouvelle approche de la gestion des ressources et des territoires
Blangy Sylvie
Les peuples autochtones sont confrontés à de nombreux défis cumulatifs : changements climatiques, extraction minière, dépendance économique, érosion des savoir-faire, perte de la langue et des cultures. Pour y répondre, des opérateurs

autochtones ont développé des activités touristiques, dans le but de faire entendre leur voix, d'appuyer leurs revendications territoriales, de générer des revenus financiers et de maintenir les liens avec leur territoire. En vue de revisiter la recherche-action participative et de l'adapter au contexte autochtone, des collaborations de recherche ont ainsi été développées avec treize communautés du Nord-Canada (Cri, Inuit et Saami) et du Nord Scandinavie utilisant des outils du Web collaboratifs en ligne via Internet
(45.00 euros, 664 p.)
ISBN : 978-2-343-05506-0, ISBN EBOOK : 978-2-14-002987-5

LA PRÉSENCE ET L'ABSENCE
Brève introduction à l'existence
Gaboriau Patrick
A partir de deux expériences personnelles simultanées, celle d'un fils qui naît et celle d'un père en fin de vie, l'auteur s'interroge sur les perceptions et le sens de la présence et de l'absence. Il nous invite à réfléchir sur notre devenir en confrontant ces deux moments, associant des lectures, un journal et des pistes de réflexion. Se dégage une anthropologie de l'existence enracinée dans le devenir des générations.
(Coll. Logiques sociales, 23.00 euros, 226 p.)
ISBN : 978-2-343-10225-2, ISBN EBOOK : 978-2-14-002354-5

ALPHAgENRE
Garnier Marie-Dominique
ALPHAgENRE : ou comment lire avec les doigts. Les mots recueillis dans ce dictionnaire tactile de la langue contemporaine ont en commun de relayer le pouvoir de sexuation graphique, les effets de gangue et de gang d'une lettre phallique, micro-organe érectile de pouvoir : G ou g. De «genre» à «gouvernance», de «jungle» à «migrant» ou «hégémonie», cet essai analyse le régime graphique d'une lettre-corps, courroie de transmission d'une machine à binariser, à normer, à pré-former, à soumettre.
(Coll. Anthropologie Critique, 26.00 euros, 260 p.)
ISBN : 978-2-343-09442-7, ISBN EBOOK : 978-2-14-001434-5

STRATÉGIES IDENTITAIRES CHEZ LES MIGRANTS TURCS EN FRANCE
Sourou Benoît
Cet ouvrage se propose, à travers l'analyse du discours sur l'infortune de migrants turcs, recueilli dans le cadre d'une consultation interculturelle, d'étudier comment s'effectuent leurs constructions identitaires.
(Coll. Logiques sociales, 21.50 euros, 210 p.)
ISBN : 978-2-343-08989-8, ISBN EBOOK : 978-2-14-001340-9

JOIE ET BONHEUR
Croyances, mythes, idéologies
Europeana 7
Collectif
Dans ce numéro, les contributeurs reviennent sur le thème universel de l'aspiration au bonheur et à la joie à travers différentes époques et civilisations.

À ce titre, le contexte linguistique et philologique est essentiel pour comprendre les formes, que les civilisations, éloignées dans le temps et dans l'espace, donnent à ce concept, qui ne peut qu'être relatif et abstrait. De fait, dans de nombreuses cultures, le mot « bonheur » n'existe pas, seules les conditions du bonheur sont définies.
(Coll. Kubaba, 20.00 euros, 178 p.)
ISBN : 978-2-343-09565-3, ISBN EBOOK : 978-2-14-001389-8

DÉLUGES ET CATASTROPHES
Textes réunis et présentés par Bernard Dupaigne
Ce volume détaille quantité de catastrophes qui ont frappé le monde. Est-ce que toutes ces catastrophes sont naturelles, venues sans raison de la nature ? Ou bien est-ce que celle-ci tient à se venger de ce que les hommes lui font subir ? Faut-il penser - ce que Voltaire refuse de croire - que ce sont les divinités qui nous les envoient, pour nous punir de notre négligence à leur égard ?
(Coll. Eurasie, 19.00 euros, 178 p.)
ISBN : 978-2-343-10504-8, ISBN EBOOK : 978-2-14-002288-3

APPROCHES CRITIQUES DU PLAISIR (1450-1750)
Sous la direction de Jean-Claude Colbus et Brigitte Hébert
La quête du plaisir entreprise dans ces deux ouvrages concerne essentiellement le XVIe et le XVIIe siècle. Les plaisirs sont-ils les mêmes et sont-ils ressentis partout de la même façon et avec la même intensité et la même innocence ? Les plaisirs de l'esprit et du cœur sont-ils fondamentalement d'une autre nature que les plaisirs des sens ? Ce volume porte sur la France, l'Angleterre et l'Allemagne, analysant le moment où le besoin est transformé en art et en divertissement et où la vertu trouve sa récompense. Il est accompagné de *De la satisfaction des besoins vitaux aux plaisirs des sens, aux délices de l'esprit et aux égarements de l'âme.*
(Coll. Historiques, 25.00 euros, 254 p.)
ISBN : 978-2-343-05266-3, ISBN EBOOK : 978-2-336-38349-1

DE LA SATISFACTION DES BESOINS VITAUX AUX PLAISIRS DES SENS, AUX DÉLICES DE L'ESPRIT ET AUX ÉGAREMENTS DE L'ÂME (1450-1750)
Sous la direction de Jean-Claude Colbus et Brigitte Hébert
Plaisirs et bonheur sont souvent synonymes au XVIIe siècle et font l'objet d'un débat philosophique approfondi. Les études de ce volume portent sur les plaisirs des sens, tout particulièrement dans les arts : peinture, gravure, musique, danse, faisant place également aux appétits de Pierre l'Arétin et aux nuances de Pierre Bayle sur le caractère spirituel de tous nos plaisirs. Il accompagne un autre volume paru sous le titre : *Approches critiques du plaisir.*
(Coll. Historiques, 27.00 euros, 278 p.)
ISBN : 978-2-343-05265-6, ISBN EBOOK : 978-2-336-38344-6

Structures éditoriales du groupe L'Harmattan

L'Harmattan Italie
Via degli Artisti, 15
10124 Torino
harmattan.italia@gmail.com

L'Harmattan Hongrie
Kossuth l. u. 14-16.
1053 Budapest
harmattan@harmattan.hu

L'Harmattan Sénégal
10 VDN en face Mermoz
BP 45034 Dakar-Fann
senharmattan@gmail.com

L'Harmattan Cameroun
TSINGA/FECAFOOT
BP 11486 Yaoundé
inkoukam@gmail.com

L'Harmattan Burkina Faso
Achille Somé – tengnule@hotmail.fr

L'Harmattan Guinée
Almamya, rue KA 028 OKB Agency
BP 3470 Conakry
harmattanguinee@yahoo.fr

L'Harmattan RDC
185, avenue Nyangwe
Commune de Lingwala – Kinshasa
matangilamusadila@yahoo.fr

L'Harmattan Congo
67, boulevard Denis-Sassou-N'Guesso
BP 2874 Brazzaville
harmattan.congo@yahoo.fr

L'Harmattan Mali
Sirakoro-Meguetana V31
Bamako
syllaka@yahoo.fr

L'Harmattan Togo
Djidjole – Lomé
Maison Amela
face EPP BATOME
ddamela@aol.com

L'Harmattan Côte d'Ivoire
Résidence Karl – Cité des Arts
Abidjan-Cocody
03 BP 1588 Abidjan
espace_harmattan.ci@hotmail.fr

L'Harmattan Algérie
22, rue Moulay-Mohamed
31000 Oran
info2@harmattan-algerie.com

L'Harmattan Maroc
5, rue Ferrane-Kouicha, Talaâ-Elkbira
Chrableyine, Fès-Médine
30000 Fès
harmattan.maroc@gmail.com

Nos librairies en France

Librairie internationale
16, rue des Écoles – 75005 Paris
librairie.internationale@harmattan.fr
01 40 46 79 11
www.librairieharmattan.com

Librairie l'Espace Harmattan
21 bis, rue des Écoles – 75005 Paris
librairie.espace@harmattan.fr
01 43 29 49 42

Lib. sciences humaines & histoire
21, rue des Écoles – 75005 Paris
librairie.sh@harmattan.fr
01 46 34 13 71
www.librairieharmattansh.com

Lib. Méditerranée & Moyen-Orient
7, rue des Carmes – 75005 Paris
librairie.mediterranee@harmattan.fr
01 43 29 71 15

Librairie Le Lucernaire
53, rue Notre-Dame-des-Champs – 75006 Paris
librairie@lucernaire.fr
01 42 22 67 13